数字新时代系列丛书
张礼立　主编

中国光学光电子行业协会液晶分会
上海群辉华商光电科技有限公司　编著

显示偏光片产业蓝皮书

（2022年）

中国出版集团　東方出版中心

图书在版编目（CIP）数据

显示偏光片产业蓝皮书. 2022年 / 中国光学光电子行业协会液晶分会，上海群辉华商光电科技有限公司编著. 一上海：东方出版中心，2023.7

ISBN 978-7-5473-2208-6

Ⅰ. ①显… Ⅱ. ①中… ②上… Ⅲ. ①液晶器件—产业发展—研究报告—中国—2022 Ⅳ. ①TN141.9

中国国家版本馆CIP数据核字（2023）第119327号

显示偏光片产业蓝皮书(2022年)

编　　著　中国光学光电子行业协会液晶分会
　　　　　上海群辉华商光电科技有限公司
责任编辑　万　骏　陈明晓
封面设计　钟　颖

出 版 人　陈义望
出版发行　东方出版中心
地　　址　上海市仙霞路345号
邮政编码　200336
电　　话　021-62417400
印 刷 者　上海万卷印刷股份有限公司

开　　本　890mm×1240mm　1/32
印　　张　7.5
字　　数　140千字
版　　次　2023年8月第1版
印　　次　2023年8月第1次印刷
定　　价　49.80元

《显示偏光片产业蓝皮书(2022年)》编委会

《显示偏光片产业蓝皮书(2022 年)》编辑部

序

在5G、IoT、AI等新兴技术带动下，新一轮科技革命正在创造着全新的发展机遇，光电显示产业再一次站在了历史的新起点上，产业格局有望重塑。

近年来，显示技术不断创新突破，呈现多元化的发展态势，终端应用也更加多样化，传统存量市场与新兴增量市场齐头并进。新型显示技术作为数字经济时代信息显示的重要载体和交互窗口，持续赋能数字经济并催生出更多的应用场景，同时各新兴市场对核心配套的偏光片等上游材料提出了更具体的差异化要求。

目前，中国显示面板产能全球最大，但作为核心配套材料的偏光片及部分上游原材料由于技术壁垒较高，仍依赖进口。2021年，杉杉股份完成了对LG化学偏光片业务的收购，偏光片国产化进程迎来重要节点，确保了高端偏光片技术的自主可控，伴随后续杉杉偏光片全球研发中心的设立，本土下游面板产业的供应链经济性及安全性得到了进一步保障。

少年何妨梦摘星，敢挽桑弓射玉衡？从追赶到超越，国内偏光片产业在过去十多年的面板产能转移过程中快速成长，随着本土厂商技术的不断成熟，规模效应还在持续发酵，存量市场的国产替代进程必将不断加速，而增量市场的引领地位也绝非空想，国内偏光片产业已经进入了发展的黄金窗口期。显示面板产业的集聚已经给上游偏光片产业打开了难得的局面，相信我们本土偏光片厂商一定会不遗余力地把握这一宝贵的破局机遇，补齐、补强偏光片这一产业链上曾经的薄弱环节，完成本土产业链的高质量建设，助力国内循环的高效率运转。

梁新清

中国光学光电子行业协会液晶分会常务副理事长兼秘书长

目　录

第一章·基础篇

一、偏光片的基本概念及发明 …………………………… 003

1. 光、偏振光及偏光片的基本概念 ……………… 003
2. 偏振光的认知发展历程……………………………… 004
3. 偏光片的发明……………………………………… 005
4. 偏光片的应用领域………………………………… 007

二、显示偏光片的结构及原理 …………………………… 009

1. 显示偏光片的定义、主要结构及材料构成 …… 009
2. 显示偏光片各层材料的作用……………………… 010
3. 显示偏光片的产品标准…………………………… 011
   - 3.1　表观质量要求 ……………………………… 011
   - 3.2　物理性能要求 ……………………………… 013
   - 3.3　光学性能要求 ……………………………… 013
   - 3.4　耐久性能 …………………………………… 014
4. 显示偏光片在LCD显示中的应用原理及分类……………………………………………… 014

4.1 显示偏光片在 LCD 显示中的应用原理 …… 014
4.2 LCD 显示偏光片的分类 …… 016
5. 显示偏光片在 OLED 显示中的应用原理及分类 …… 019
5.1 显示偏光片在 OLED 显示中的应用原理 …… 019
5.2 OLED 显示偏光片的分类 …… 022
三、显示偏光片的生产工艺及工序 …… 023
1. 显示偏光片的核心生产工艺 …… 023
1.1 碘剂染色工艺 …… 024
1.2 湿法拉伸工艺 …… 024
2. 显示偏光片的生产工序 …… 025

第二章·应用篇

一、全球主要显示面板技术介绍 …… 031
1. TFT-LCD 显示面板技术分析 …… 031
1.1 TFT-LCD 显示面板技术概述 …… 031
1.2 LCD 显示面板工艺流程介绍 …… 034
1.3 LCD 显示面板主要分类 …… 035
2. OLED 显示面板技术分析 …… 039
2.1 OLED 显示技术概述 …… 039
2.2 OLED 显示面板工艺流程介绍 …… 041

2.3 OLED 显示面板技术分类 …………………… 042
3. 其他新型显示技术概述……………………………… 045
二、全球显示面板产量与产线趋势 ………………… 050
1. 全球 TFT-LCD 显示面板出货量趋势 ……… 050
2. 全球 TFT-LCD 显示面板产能分布 ………… 052
3. 中国大陆 TFT-LCD 显示面板产线区域分布情况…………………………………………… 053
4. 全球 OLED 显示面板出货量趋势 ………… 054
5. 全球 OLED 显示面板产能分布 …………… 056
6. 中国大陆 OLED 显示面板产线区域分布情况…………………………………………… 057
三、全球显示面板市场规模情况 ………………… 058
四、全球显示面板市场发展趋势 ………………… 062
1. 全球显示面板技术总体对比……………………… 062
2. 全球显示面板发展历史…………………………… 064
3. 全球显示面板产业发展特点……………………… 067
五、新兴显示面板应用场景 ……………………… 070
1. 车载显示面板……………………………………… 070
2. AR/VR 显示面板 ………………………………… 071
六、显示面板对偏光片市场发展的影响 ………… 074

第三章 · 产业篇

一、全球显示偏光片发展现状分析 ……………… 079

1. 全球显示偏光片需求量趋势…………………………… 079
2. 全球显示偏光片市场规模情况………………………… 081
3. 全球显示偏光片产业应用市场分析…………………… 082
4. 全球显示偏光片产业新兴显示应用市场
分析……………………………………………………… 085
4.1 车载显示用偏光片市场 ……………………………… 085
4.2 AR/VR 显示用偏光片市场 ………………………… 087
5. 全球显示偏光片产能分析……………………………… 088
二、偏光片行业技术特性及难点 ………………………… 090
1. 偏光片行业技术特性…………………………………… 090
2. 大尺寸 LCD 偏光片技术难点 ………………………… 090
2.1 超宽幅产线生产能力 ………………………………… 090
2.2 良品率控制能力 ……………………………………… 092
2.3 RTP 裁切技术………………………………………… 092
3. 小尺寸 LCD 偏光片技术难点 ………………………… 093
3.1 超薄 PVA 拉伸技术 ………………………………… 093
3.2 异形偏光片的裁切及磨边工艺 ……………………… 094
4. OLED 显示偏光片技术难点…………………………… 095
4.1 超薄方案 ……………………………………………… 095
4.2 圆偏光补偿方案 ……………………………………… 096
三、偏光片技术发展趋势 ………………………………… 097
1. LCD 偏光片产线技术的超宽幅化 …………………… 097
2. PVA 保护膜扩大使用低透湿性材料 ………………… 098
3. 产品薄型化……………………………………………… 101
4. 无偏光片技术在柔性显示上的应用…………………… 101

四、全球偏光片厂商运行现状分析 …… 103
1. 杉金光电 …… 103
2. 住友化学 …… 105
3. 日东电工 …… 107
4. 三星 SDI …… 109
5. 恒美光电 …… 111
6. 明基材料 …… 112
7. 诚美材料 …… 114
8. 三利谱 …… 115
9. 盛波光电 …… 117
10. LG 化学 …… 119
11. 力特光电 …… 120
12. 胜宝莱 …… 122
13. 纬达光电 …… 123
14. 怡钛积 …… 123

第四章·产业链篇(上)

一、全球显示偏光片核心材料技术发展趋势分析 …… 127
1. PVA 膜技术发展趋势分析 …… 127
2. PVA 保护层技术发展趋势分析 …… 128
3. PSA 技术发展趋势分析 …… 130
4. 保护膜技术发展趋势分析 …… 132
5. 离型膜技术发展趋势分析 …… 133

二、全球显示偏光片核心材料产业发展趋势分析 …… 134
1. 全球PVA膜产业现状概述及市场规模发展趋势分析 …… 134
2. 全球PVA保护层产业现状概述及市场规模发展趋势分析 …… 135
3. 全球PSA产业现状概述及市场规模发展趋势分析 …… 136
4. 全球保护膜产业现状概述及市场规模发展趋势分析 …… 137
5. 全球离型膜产业现状概述及市场规模发展趋势分析 …… 138
三、全球显示偏光片核心材料头部厂商介绍 …… 138
1. 全球PVA膜主要厂商介绍 …… 138
2. 全球PVA保护层主要厂商介绍 …… 143
3. 全球PSA主要厂商介绍 …… 152
4. 全球显示偏光片用保护膜主要厂商介绍 …… 154
5. 全球显示偏光片用离型膜主要厂商介绍 …… 160

第五章・产业链篇(下)

一、偏光片生产核心装备 …… 167
1. TAC预处理设备 …… 167
2. PVA拉伸设备 …… 168
3. 复合膜贴合设备 …… 169

4. 压敏胶涂布设备…… 169
5. 烘干设备…… 170
二、智能制造系统 …… 171
1. 电控系统…… 171
2. 自动检查设备…… 171

第六章·区域研究篇

一、全球显示偏光片重点区域研究分析 …… 175
1. 日本企业垄断偏光片生产时期…… 175
2. 中国台湾地区和韩国偏光片企业发展时期…… 175
3. 中国大陆偏光片企业强势崛起的时期…… 181
二、中国显示偏光片产业发展背景与现状 …… 189
1. 中国偏光片产业发展历史…… 189
2. 中国偏光片产业发展背景…… 191
3. 中国偏光片国产化现状…… 193
4. 中国偏光片市场需求…… 200
三、中国显示偏光片产业发展痛点与机遇 …… 201
1. 中国偏光片发展痛点分析…… 201
2. 中国偏光片发展机遇分析…… 203
四、中国显示偏光片产业投资与风险 …… 206
1. 中国偏光片产业投资情况…… 206
2. 中国偏光片产业投资风险…… 208
五、中国偏光片产业未来方向 …… 209

附录

一、引用数据库 …… 215
二、图片目录 …… 215
三、表格目录 …… 220

“数字新时代系列丛书”主编寄语

第一章

基础篇

一、偏光片的基本概念及发明

1. 光、偏振光及偏光片的基本概念

光学认为，光是一种电磁波，电磁波在与物质作用时，电矢量 E 引起的作用远比磁矢量 H 的作用强，因此人们就用电矢量描述电磁波。在与光波传播方向垂直的二维平面内，电矢量 E 有各种振动状态，称为偏振状态，通常有五种偏振状态，即自然光、部分偏振光、线偏振光、圆偏振光、椭圆偏振光。光的偏振性是光的横波性最直接、最有力的证据。

光是电磁波，电磁波是横波，即光的电振动是在与光前进方向垂直的平面上。自然光是各种特性在各个方向都完全相同的均匀的光，自然光的电振动在振动平面的各个方向也都是完全均匀的；而偏振光的电振动只限于某一个确定的方向上，因而偏振光是有方向性的。

偏光片是将不具偏振性的自然光变成偏振光的光学元件，通过偏光片获取偏振光是获取偏振光的方式之一。光的偏振态分为自然光、完全偏振光和部分偏振光，其中完全偏振光又可以分为平面偏振光、圆偏振光、椭圆偏振光。[①] 偏振光是有方向性的，同样，

---

① 谢书伟，偏振片及其用途，1997 年第 2 期，44—46

偏光片也是有方向性的。我们把偏光片的特定方向指向称为透射轴，与这个方向垂直的电振动被阻挡，而与这个方向平行一致的电振动则可以自由通过。这样自然光通过偏光片以后，就成了偏振光。

2. 偏振光的认知发展历程①

光学的发展是一个漫长而曲折的历史过程，主要经历了萌芽时期（约公元前 5 世纪—16 世纪初）、几何光学时期（16 世纪—18 世纪初）、波动光学时期（19 世纪初—19 世纪末）、量子光学时期（20 世纪初—20 世纪中叶）、现代光学时期（自 20 世纪中叶至今）五大历史时期。人们对偏振光的认识在波动光学时期得到了快速发展。

1801 年托马斯·杨的“杨氏双缝干涉实验”解释了光的干涉现象，初步测定了光的波长，并于 1817 年提出光是一种横波。

1808 年马吕斯就在实验上发现了光的偏振现象。使一束自然光以 57°角入射在普通玻璃板 M 上，反射光线以同样的入射角反射到玻璃板 N 上，当玻璃板 N 围绕此反射光线转动时，从 N 产生的反射光线强度会发生变化。在 M 和 N 的入射面平行时反射光最强，而 M 和 N 的入射面垂直时反射光近乎为零。实验揭示了 M 的反射光是线偏振光，振动方向与入射面垂直，N 的作用是检测光是否偏振。

1815 年菲涅尔补充了惠更斯原理，形成惠更斯—菲涅尔原理，解释了光在各向同性介质中的直线传播和光的衍射现象，并推

---

① 马明祥，光学的发展历史概述，1008 - 1151(2007)11 - 0082 - 02

出菲涅尔公式。19 世纪初光的波动理论终于战胜了微粒说。至此，光的波动理论既能解释光的直线传播，又能解释光的干涉、衍射和偏振等现象。

1845 年法拉第发现了光的振动面在强磁场中的旋转，揭示了光与电磁场的内在联系。

1856 年韦伯和柯尔劳斯发现电荷的电磁单位与静电单位的比值等于光在真空中的传播速度。

1873 年，麦克斯韦发现光波是电磁波，其中它的电波和磁波是相依相存不能分开的，电场 E、磁场 H 与光进行的方向 K 这三者是呈相互垂直的关系。

1888 年赫兹发现了波长较长的电磁波——无线电波，它有反射、折射、干涉、衍射等与光类似的性质，传播速度恰好等于光速。至此，光的电磁理论基础被正式确立。

3. 偏光片的发明

偏光片诞生在美国，是埃德温·赫伯特·兰德（Edwin Herbert Land，1909—1991）在 1938 年发明的。兰德看了一篇由英国的一位医生赫拉帕斯（William B. Herapath）在 1852 年发表的论文，内容提到赫拉帕斯的一位学生曾不小心把碘掉入奎宁的硫酸溶液中，发现立即就有许多小的绿色晶体产生，赫拉帕斯于是将这些晶体放在显微镜下观察，发现当两片晶体相重叠时，其光的透过率会随晶体相交的角度而改变：当它们是相互垂直时，光被完全吸收；相互平行时，光可完全透过。

这种晶体就是碘硫酸奎宁，又叫碘硫酸金鸡纳碱。硫酸奎宁本品系金鸡纳树皮中的一种生物碱。

赫拉帕斯花了将近十年的时间来研究怎样才能做出较大的偏光晶体，也没有获得成功。兰德重复过赫拉帕斯的实验后确定这条路是不可行的，他采用了不同的方式：把大颗粒碘硫酸奎宁晶体研磨成微小晶体，并把这些小晶体粉末悬浮在液体中；把一块塑料片放入这种悬浮液中，之后再放入磁场或电场中定向排列这些小晶体；把这块塑料片从悬浮液里捞出，偏光晶体就会定向黏附在塑料片的表面上，干燥后就制作成了偏光片。

这个方法是将许多小的偏光微晶有规则地排列好，也就相当于一个大的偏光晶体。兰德采用这个方法，在 1928 年他 19 岁时成功地做出了最先问世的 J 型偏光片。

但研磨的碘硫酸奎宁针状晶体粉末尺寸还嫌太大，超过光波波长，制品就模糊不透明。而且这种方法的缺点是费时，成本又高，但兰德已经发现了制造偏光片的几个重要因素：碘＋聚合物＋定向。

经过不断的研究改进，兰德终于在 1938 年发明了到现在还在沿用的 H 型偏光片制造方法。兰德制作这种偏光片的方法是把聚乙烯醇（PVA）薄膜在水蒸气浴中均匀加热并拉伸，使那些无序的相互纠合在一起的长链分子在沿同一方向拉伸过程中排列整齐。之后在含碘溶液中浸泡经过拉伸的 PVA 薄膜，使碘分子嵌入已被拉直的分子中去，形成一条条的碘分子链，经晾干便成为性能优良的 H 型人造偏光片。

正是兰德发明了人造偏光片后，才使偏振光冲出实验室，在工农业、医学、国防及生活等各个部门正式担当重要的角色。兰德人造偏光片的原理彻底改变了这些起偏振器件都只具有单一偏振轴、透光轴方向的旧有模式，采用 PVA 膜片设计并制成了偏振轴方向呈同心圆，轮辐呈放射状、波浪形、螺线形的几种新颖人造偏光片，如两片人造偏光片叠合起来，转动其中任一片，便可以看见一个由亮、暗线正交成的“十”字，或其他某种奇妙的图案在随着旋转变幻。显然，兰德发明的人造偏光片内的偏振轴方向可以根据需要而设计安排，因此完全有可能被用作特殊的方向。

偏光片制造技术中，先拉伸后染色是所谓的干法工艺，先染色后拉伸是所谓的湿法工艺。

4. 偏光片的应用领域[①]

显示技术领域

目前主流显示技术液晶显示（TFT - LCD 显示，下文简称为“LCD 显示”）、有机发光二极管显示（OLED 显示）等都需要使用偏光片。LCD 显示技术中必须使用偏光片，显示器光源只有通过两枚偏光片才能达到成像效果，其工作原理在下文做详细介绍；OLED 显示技术中，OLED 显示器含有金属电极，在室内或外界强光下形成反光，造成阅读干扰。需要可抗环境光反射的圆偏光片，把外界环境光消化掉。圆偏光片由普通偏光片及宽波域补偿膜组成。（本书将应用于显示器上的偏光片称为“显示偏光片”。）

偏光片在显示技术领域中的应用萌芽于日本，初期产品多应用于如手表、闹钟等低阶 TN 型单色显示器上，后期显示产业发展迅速，OLED、Mini - LED、Micro - LED、QLED 等新型显示技术百花齐放，应用也越来越广泛，显示行业的发展也带动了显示偏光片产业的发展壮大。

① 范志新，偏光片的发明和应用，TN949.199

液晶光阀

除了用于显示技术，还有很多种液晶电光器件的应用，如液晶光阀、液晶透镜、液晶滤光片、液晶光栅、液晶传感器等。液晶光阀包括液晶电焊面罩、液晶调光眼镜、液晶光学快门等。液晶显示器有大量像素，而每个像素都是一个液晶光阀。凡是应用液晶双折射原理制造的电光器件，几乎都要用到偏光片。

偏光眼镜

偏光眼镜有多种产品和用途，有观看三维（3D）立体电影的 3D 眼镜，有司机夜间驾驶会用的车用防强光液晶调光眼镜，有大众用防眩光太阳镜等。

偏光显微镜

很多种光学仪器早在液晶显示器风靡之前就开始用偏光片，如偏光显微镜等。但是光学仪器用偏光片因为价格昂贵，在没有胶片式的偏光片之前，使用的是电气石和尼科耳棱镜这样的偏光元件，有了现代的偏光片之后，都改用了把偏光片夹在薄玻璃片之间的起偏器和检偏器。电气石晶系属于三方/六方晶系，选择六角形片状天然电气石晶体容易加工成偏光片。这些晶体都是早期用于制作偏光元件和相位补偿元件的材料，但是都不容易大面积薄膜化，不适合平板显示技术的需求。现在有了聚合物基的偏光片、补偿片，价格便宜、面积大、使用方便，晶体偏光元件几乎都成了“收藏品”，只在不可被聚合物基偏光片替代的特殊技术领域还能得到应用，如特殊光波段、强激光、高温极端环境等。

偏光摄影镜头

摄影镜头偏光滤光片是专业摄影工作者的法宝，在照相机、摄影机等的镜头前面加一偏光片，就可以大大减轻强烈的直接反射光的干扰,减低天空背景光的强度,增加天空云彩的层次等。

其他应用

光测弹性术用于物质结构中的应力分析,各向同性的物质由于受到应力的作用会产生各向异性的光学性质,称为光弹性效应或应力双折射效应。把受到应力的透明物体放在两片偏光片之间进行观察,就可以看到一些宽窄疏密不同、明暗相间的曲线条纹,分析研究这些条纹可以得出物体内应力分布的定量数据,这在科学研究、工程建设和工业生产中都是很有用的。

二、显示偏光片的结构及原理

1. 显示偏光片的定义、主要结构及材料构成

显示偏光片是应用在显示技术(主流的 LCD 显示、OLED 显示等)中的偏光片。

显示偏光片的主要结构及材料构成如下:

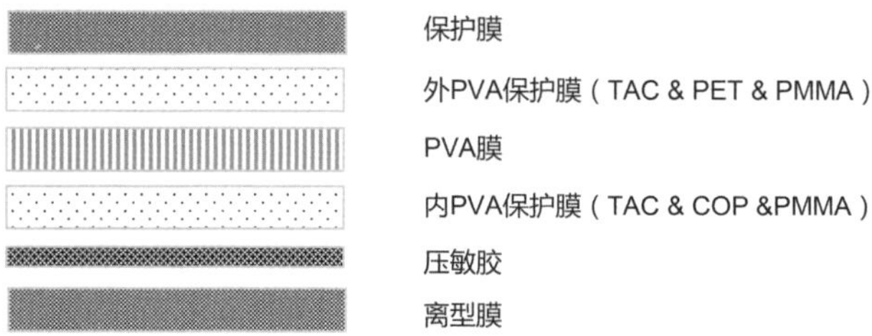

来源:CINNO Research 产业月报

图 1-1: 显示偏光片核心结构图

2. 显示偏光片各层材料的作用

PVA 膜：PVA 层也称为偏光层，起到偏光作用的偏光因子附着在 PVA 上，是偏光片的核心构造。偏光层决定了偏光片的偏光性能、透过率等，同时也影响偏光片的色调和光学耐久性。偏光层的加工方法，按照 PVA 的染色工艺可分为染料系和碘系；按照 PVA 的拉伸工艺可分为干法拉伸和湿法拉伸。改变其材料和加工工艺可实现对偏光度、透过率、色调和光学耐久性的调整。

PVA 保护膜：有内外两层，贴合在 PVA 层的两侧，基本的作用是保护易断易折的 PVA，同时隔绝水分和空气，保护偏光因子。显示偏光片发展初期，普遍使用 TAC（三醋酸纤维素酯）材料，习惯上也称之为 TAC 层。现阶段称之为 PVA 保护层更为贴切，因为这两层的主要材料已变成 TAC、PET、PMMA、COP 这些材料。TAC 是亲水性材料，容易受潮产生收缩，发生因偏光片收缩导致的面板弯曲现象，从而导致显示面板发生漏光，在如今显示器大型化和薄型化的趋势下，显示面板需要的、防水性能好的材料应运而生。通常靠近显示面板的、与 PSA 贴合在一起的 PVA 保护层，需要具备对液晶偏转进行补偿的功能，称为内 PVA 保护层；而另一侧称为外 PVA 保护层，涂布了表面处理材料，给偏光片附加上抗眩、防划伤、低反射等功能。

压敏胶：压敏胶即 PSA 粘着剂，其作用是将偏光片与显示面板贴合。为了显示面板维修去除偏光片时易去除，需要粘着剂与偏光片侧紧密贴合不剥离，但同时与面板侧易剥离不残留在显示面板上。PSA 压敏胶，它决定了偏光片的粘性及贴片加工性能。

保护膜：贴合在外 PVA 保护层外侧，主要是 PET 材质，保护膜是一种高分子材料，外观为无色透明塑料膜，起到保护偏光片表面不受污染的作用，具有低粘性的特点。

离型膜：贴合在有 PSA 外侧，主要起到保护 PSA 的作用。离型膜主要是 PET 材质，单侧涂布硅涂层以便轻松与 PSA 剥离，且不残留硅剂在 PSA 上。同时，其剥离力的大小对显示面板贴片机的作业性有一定影响。偏光片用离型膜属于光学用薄膜，比用于普通产品仅起保护作用的离型膜在品质上的要求要严格很多，且多数显示偏光片需要使用含配向角的离型膜。

3. 显示偏光片的产品标准①

3.1 表观质量要求

经 CINNO Research 统计，普通显示偏光片产品的表观要求应均匀，具体要求见表 1-1。

表 1-1：普通显示偏光片表观质量要求

检查位置	缺陷项目	规　　格
保护膜	保护膜划伤	不伤及基板
	保护膜压痕	不伤及基板
	保护膜气泡	$\Phi \leqslant 10$ mm，8 颗
	保护膜点状/线状缺陷	$\Phi \leqslant 0.25$ mm 不卡，$0.25 < \Phi \leqslant 0.3$ mm 8 颗，且缺陷随保护膜移动

① 中国光学光电子行业协会，《薄膜晶体液晶显示器用偏光片》团体标准，T/COEMA 002LCD-2021

续　表

检查位置	缺陷项目	规　　格
偏光片	点状异物	$\Phi \leqslant 0.1$ mm 忽略；0.1 mm $< \Phi \leqslant 0.15$ mm　10 个以下
	线状异物	$W < 0.10$ mm 且 $L < 1.6$ mm 不计
	气泡	$\Phi \leqslant 0.1$ mm 忽略；0.1 mm $< \Phi \leqslant 0.15$ mm　10 个以下
	折痕	按限度样品
	斑纹	按限度样品
	凹点	按限度样品
	划伤	不可有
边部	点状/线状缺陷	不可超过无效区域
	撞伤	不超过无效区域，离型膜破裂不可有
离型膜	离型膜点状/线状缺陷	$\Phi \leqslant 0.1$ mm 忽略；0.1 mm $< \Phi \leqslant 0.15$ mm　10 个以下
	离型膜划伤	不伤及基板
	离型膜压痕	不伤及基板

注 1：本体指不包括保护膜和离型膜的单体偏光片。
注 2：点状和线状如下图所示，其定义如下：点状为 $L/W \leqslant 7$，线状为 $L/W \geqslant 7$；其中 L 代表长度，W 代表宽度。

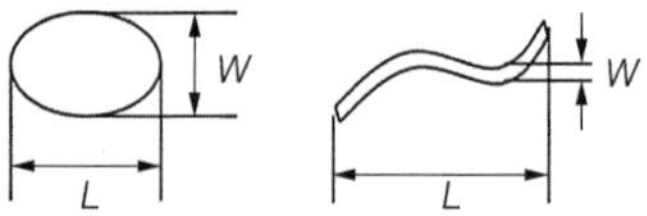

点状和线状示意图

点状的直径 Φ 使用公式(1)计算：

$$\Phi = (L + W)/2$$

3.2　物理性能要求

普通显示偏光片产品的物理性能应达到表 1－2 的规定。

表 1－2：普通显示偏光片物理性能要求

项　　目	规　格	单　位
全体厚度	(150—300)±30	μm
有效厚度	(50—200)±20	μm
粘着剂厚度	(15—20)±5	μm
保护膜剥离力	≤50	gf/25 mm
离型膜剥离力	≤50	gf/25 mm
Glass 剥离力	≥98	gf/25 mm
表面硬度	≥2	HB
直角度	90±0.06	°
裁切精度	±0.3	mm

3.3　光学性能要求

普通显示偏光片产品的光学性能应达到表 1－3 的规定。

表 1－3：普通显示偏光片光学性能要求

项　　目	规　格	单　位
单体透过率	(41.0—43.2)±1.5	%
直交透过率	≤0.01	%
平行透过率	≥34.0	%

续 表

项　　目	规　格	单　位
偏光度	≥99.9	%
色相 a	(−2.0—−1.5)±2.0	NBS
色相 b	(3.5—4/0)±2.0	NBS
雾度	0.5—42.0	%

3.4　耐久性能

普通显示偏光片产品耐久性应符合表 1-4 的规定。

表 1-4：普通显示偏光片耐久性能要求

项　目	条　　件	光学要求	外　观	备　注
高温	80℃×500 h	ΔTs & ΔP. E. ≤ ±3%，Δab<5	无分层，气泡，斑纹	视顾客要求可改变作业条件
恒温恒湿	60℃×90%RH×500 h			
低温	−30℃×500 h			
冷热冲击	−30℃—80℃(30 min) 100 cycle			
耐光	400 W×500 h			

4. 显示偏光片在 LCD 显示中的应用原理及分类

4.1　显示偏光片在 LCD 显示中的应用原理

所有的 LCD 显示面板都有上、下两枚偏光片，LCD 显示器依靠液晶的旋光效应成像，液晶的方向在电场作用下会发生偏转，而只有偏振光才能通过液晶，在液晶和上下两枚正交的偏光片的作用下，光束通过表现为亮态；电场作用下，液晶分子沿电场方向取向而失去旋光作用，光束不能通过表现为暗态。偏光片和液晶一起形成了对背光源光束的开关作用，故液晶显示器必须依靠偏振光才可成像。

详细一点说明，人们在观看 LCD 显示器时，双眼接收到的是由背光源发出的，经过一组上下偏光片偏光处理后的偏振光。背光模组负责为 LCD 显示器提供最基本的光源，但输送出来的光线方向性不一致，呈放射状，如果这样的光线通过液晶分子的扭转，我们在屏幕上看到的可能是白茫茫的一片，或者是花花绿绿的色块。

下偏光片位于靠近背光模组一侧，起到起偏器的作用，承担了将光线的方向规范一致后再送往液晶层的工作。TFT 晶体管控制电场强弱来控制液晶分子的扭转程度，达到将方向一致的光线亮度进行控制的目的，从而实现改变通过像素单元的光线的明暗，形成灰阶差异。原本方向一致的光线经过了液晶层的扭转后又变得方向不一致，如果不把呈漫射状的光线再次规整，则在屏幕前看到的依然是白茫茫一片，被液晶扭转过了的光线并没有体现出来，所以必须在此将漫射光进行规整，使用一片与下偏光片偏光方向正交的上偏光片将经过液晶扭转的光重新进行偏转。

上偏光片位于显示器的最外侧，起到检偏器的作用，不同角度的光线经过上偏光片的亮度不同，所以我们可以在屏幕上看到明暗交替的画面。

以 TN 型 LCD 显示器举例。

非通电状态下，液晶分子完全打开，光线从光源出发，经过左侧偏光片后形成偏振光，该偏振光随着液晶的方向旋转，到达右侧偏光片时，偏振光与右侧偏光片的 PVA 延伸方向一致，光线自由通过。

通电状态下，液晶分子向一个方向排列，光线从光源出发，经过左侧偏光片后形成偏振光，该偏振光随着液晶的排列方向旋转，到达右侧偏光片时，偏振光与右侧偏光片的 PVA 延伸方向垂直，光线不能通过。

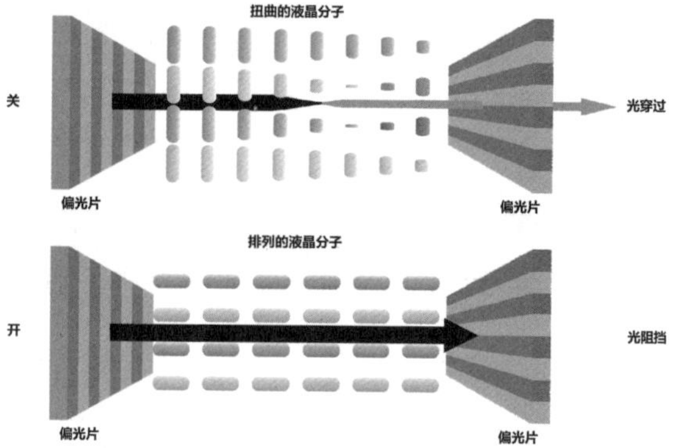

来源：CINNO 制作

图 1－2：LCD 偏光片工作原理

LCD 显示即用如此原理来实现对所需像素区域内光线的开关控制。例如：需要显示红色，则需要关闭绿色像素、蓝色像素区域的光线通过开关，红色像素区域的光线通过开关打开，观众看到的才是红色。

4.2　LCD 显示偏光片的分类

偏光片可以根据加工方式、染色方法等很多维度进行分类。

在 LCD 显示器开发过程中，为了搭配不同款式的特性，普遍关注偏光片的表面处理类别及补偿膜类别，因此表面处理或者补偿方式是较为常用的分类维度。

表面处理是对外 PVA 保护层的表面进行处理，可以区分为：AG 抗眩型、HC 表面硬化型、LR 低反射型、AR 抗反射型偏光片；补偿膜是将特性涂布在内 PVA 保护层上，其作用是对不同的液晶偏转模式产生的不同类别的视角相位差做修正补偿，可以区分为：TN、VA、IPS 型偏光片。

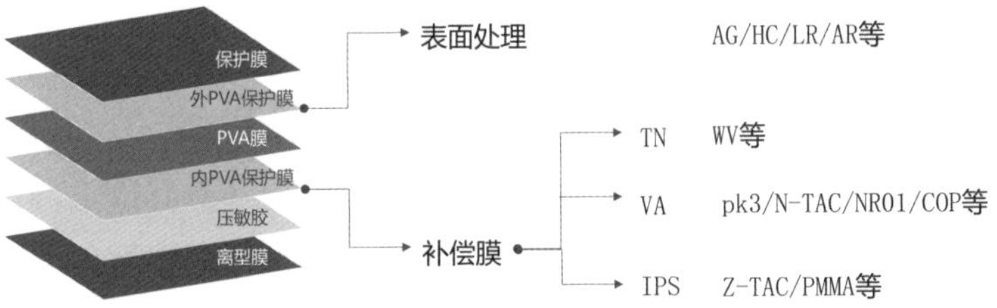

来源：CINNO Research 全球五大新兴科技产业发展数据库

图 1-3：普通 LCD 偏光片表面处理及常用补偿膜类别

根据表面处理分类

（1）AG 型偏光片：外 PVA 保护膜表面进行 AG 处理，是将微粒子分散在树脂材料内，利用微粒子的大小与涂布制成控制 TAC 表面的凹凸形状。通过 AG 处理，偏光片起到减轻眩光的作用，例如在强烈光照的室外，可以提高图像清晰度和鲜明度。

（2）HC 型偏光片：外 PVA 保护膜表面经过 HC 处理的偏光片，拥有更高的表面硬度，能够很好地防止划伤的产生。

（3）LR 型偏光片：在偏光片外 PVA 保护膜表面涂布诱电体薄膜，具备很好的低反射功能。

(4) AR型偏光片：在偏光片外PVA保护膜表面涂布诱电体薄膜，具备很好的防反射功能，同时防止划伤。

根据补偿膜分类

LCD面板根据液晶偏转的模式分为TN、VA、IPS三种类型。[①] 相对应的补偿膜的作用是将各种显示模式下（TN/VA/IPS）液晶产生的视角相位差做修正。简言之，即是让液晶分子的双折射性质得到对称性的补偿。按照功能区分，主要有相位差补偿、色差补偿及视角补偿的作用。

(1) TN型偏光片：位于内PVA保护膜，延伸方向45°、135°裁切。TN型LCD显示器的优点是响应时间短、刷新率较高、输入延迟表现较好、生产成本低；其主要的缺点在于视角差、色彩还原度低等，所以需要使用含有WV宽视角补偿膜的偏光片对其修正，来提升TN型LCD显示器的视角特性，应对高视角要求的终端需求。

产品多应用于：手机、车载、笔记本电脑、桌面显示、工控。

(2) VA型偏光片：位于内PVA保护膜，延伸方向0°、90°裁切。VA型LCD显示器的优点是视角较宽（但略低于IPS）、色彩还原度好；其主要的缺点在于响应时间慢，需要使用含有延迟功能的补偿膜对Re值（面内延迟量）、Rth值（厚度方向延迟量）的均匀性进行调整补偿，来提升VA型LCD显示器的视角特性。

产品多应用于：笔记本电脑、桌面显示、电视。

(3) IPS型偏光片：位于内PVA保护膜，延伸方向0°、90°裁切。IPS型LCD显示器的优点是色彩准确性高、视角宽、对比度高（但略低于VA）；其主要的缺点是刷新率低、耗电量较大，需要

① 本文第二章1.3.1介绍液晶偏转的三种模式：TN、VA、IPS

零延功能补偿。IPS 型偏光片的 Re 值(面内延迟量)和 Rth 值(厚度方向延迟量)都接近零,这种低光学延迟特性的补偿膜可用于减少 IPS 模式 LCD 显示器在倾斜视角下的色彩偏离现象。

产品多应用于:手机、平板电脑、笔记本电脑。

(4) 增亮型偏光片:此类偏光片的补偿膜较为特殊,将增量膜贴附在下偏光片的外 PVA 保护膜。其作用与上面三种补偿膜的作用不同,不是为了补偿液晶,而是为了提升 LCD 显示的亮度,可以使 LCD 显示器亮度提高 30%左右。亮度的提升除了可以改善显示效果以外,还可以减少显示器能耗,延长电池的续航时间。

产品多应用于:手机、平板电脑、电视。

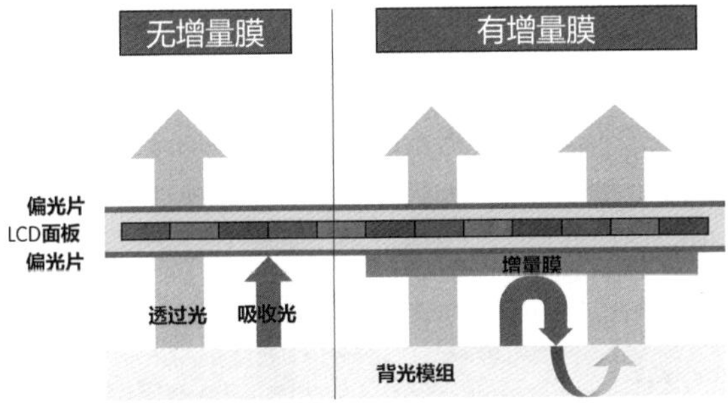

来源:CINNO 制作

图 1-4:增亮膜工作原理

5. 显示偏光片在 OLED 显示中的应用原理及分类

5.1　显示偏光片在 OLED 显示中的应用原理

OLED 与 LCD 显示器件的显像原理不同,OLED 是主动发光元器件,通过有机材料进行自发光、自行显像,不需要背光源也不需要彩色滤光片。但由于 OLED 有金属电极，外界光照射时会产生反射，会造成光学系统的光能量损失，并加剧光学系统的杂光干扰，影响成像的对比度。因此 OLED 显示器需要可以抵抗外界光干扰的光学器件，目前使用 OLED 显示偏光片是最为成熟的、使用最广泛的解决方案。与 LCD 显示器需要使用两枚偏光片不同，OLED 显示器需要使用一枚偏光片。

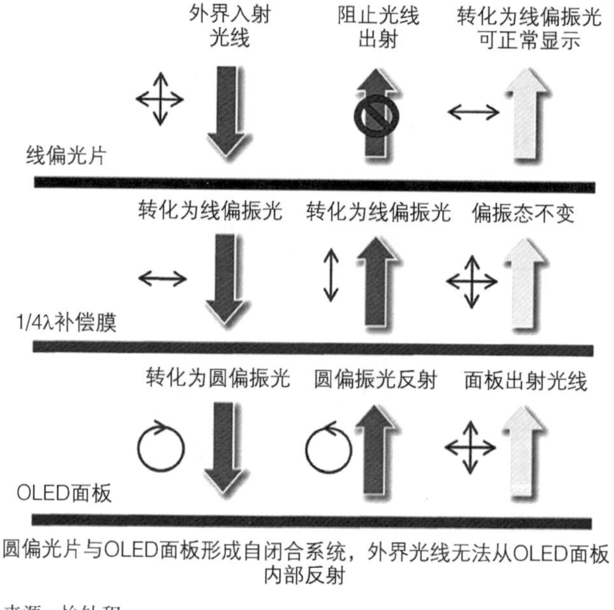

来源：怡钛积

图 1－5：普通 OLED 显示偏光片阻挡外界光工作原理

OLED 显示偏光片也称之为圆偏光片，是普通偏光片与圆偏光相位差补偿层（通常为 1/4λ 补偿膜，下文以“1/4λ 补偿膜”为例）结合的一组光学膜。OLED 显示偏光片在 OLED 显示器件中起到的作用分两个部分，一个部分是其对 OLED 面板自发光的作用，一部分是对外界光的作用。

对于 OLED 面板发出的类自然光，在通过 OLED 显示偏光片时，OLED 显示偏光片对其没有阻挡作用，所以眼睛可以接收到显示画面，但能量会有部分损耗，OLED 面板的亮度削减将近一半。目前 OLED 显示偏光片中高透产品的透过率在 43%左右。

对于外界射入的自然光，光的吸收过程如下：

1. 外界入射光线可视为自然光，可分解为两个相互垂直、等振幅且无固定相位的线偏振光，每个线偏振光的强度为自然光强度的一半；

2. 当自然光经过线偏光片时，与线偏光片吸收轴垂直的线偏振光得以透过，而与线偏光片吸收轴平行的线偏振光被吸收；

3. 光线继续传播，经过 1/4λ 补偿膜后转化为圆偏振光，圆偏振光分为左旋与右旋，由线偏光片吸收轴与 1/4λ 补偿膜光轴（实际并非光学上光轴的概念，这里借用光轴概念，表示正入射情况下，补偿膜面内折射率最大或最小的轴向，以下同）相对夹角正负值决定，其光路完全对称，仅以右旋为代表说明；

4. 右旋圆偏振光向前传播到达 OLED 屏体后，被 OLED 屏体金属层反射，由右旋圆偏振光转化为左旋圆偏振光；

5. 反射回的左旋圆偏振光再次经过 1/4λ 补偿膜时，再次转化为线偏振光（此过程同样为简化处理），但此时的线偏振光的偏振方向与上述 2 中偏振方向垂直；

6. 线偏振光传播至线偏光片时，因其振动方向与吸收轴方向平行，因而被线偏光片吸收，起到消除外界光的作用。

可见，圆偏光补偿层是 OLED 显示偏光片抵抗外界可见光的核心材料，由于目前市场对 OLED 显示器的要求是全彩、对比度达到10,000：1以上，且外界可见光的波长范围很宽，所以OLED显示偏光片的圆偏光补偿层需要实现对全波段的外界可见光进行全面隔断，从而达到一体黑的效果。

此外，为配合OLED面板的可挠曲优势的产品特性，OLED显示偏光片对材料的超薄性、可弯折性也有较高的要求。目前对可挠曲应用的偏光片需求大约为50 μm—60 μm，并需要通过在2 mm曲率条件下完成10万次弯折测试。

5.2　OLED显示偏光片的分类

OLED偏光片主结构由线偏光片与圆偏光补偿膜构成，其中线偏光片基础物料均与IPS型偏光片相同，光学与基础工艺基本一致，实际由IPS偏光片衍生发展而来，借由LCD业已形成的行业惯例，国内外各大偏光片厂均推出了各自的圆偏光片方案，其中小尺寸以日系厂商Sumitomo和Nitto应用最为广泛。

OLED显示偏光片按照表面处理的方式进行分类，与LCD显示偏光片的基本原理相同，可根据终端客户的使用需求进行选择，目前以HC型为主。

OLED显示偏光片按照补偿膜制备的方式进行分类，可分为薄膜拉伸式和液晶涂布式两大类。薄膜拉伸式主要包括PC材质和COP材质，PC材质以日本Teijin生产的RM系列为代表，COP材质以日本Zeon生产的ZD和ZA系列为代表。液晶涂布式主要包括日本DNP公司和日本Fuji公司。由于薄膜拉伸式制备的补偿膜厚度普遍＞50 μm，而产品趋势为追求轻薄化，未来发展趋势越来越偏向液晶涂布式补偿膜。我国的怡钛积科技主要研发的领域就是液晶涂布式补偿膜，据悉已掌握液晶涂布式补偿膜核心配方及生产工艺。

OLED 显示偏光片按照两个主光学层的产品构架的加工方式进行分类，可以分为三大类：第一类为拉伸式 PVA 线偏光片与薄膜拉伸式补偿膜组合而成，总称为拉伸式圆偏光片；第二类为涂布式 PVA 线偏光片与液晶涂布式补偿膜组合而成，总称为涂布式圆偏光片；第三类为拉伸式 PVA 线偏光片与液晶涂布式补偿膜组合而成，总称为混合式圆偏光片；理论上还有一类为涂布式 PVA 线偏光片与薄膜拉伸式补偿膜组合，实际中因缺少经济效益并不存在。以传统拉伸式 PVA 为基础的圆偏光片厚度极限大约为 55 μm—70 μm，相比而言涂布式圆偏光片厚度极限大约为 10 μm—30 μm，更具薄化优势。

三、显示偏光片的生产工艺及工序

1. 显示偏光片的核心生产工艺

从偏光片的结构及各层材料的作用可以看出，PVA 是偏光片中起偏光作用的核心层，其生产工艺也是偏光片的核心生产工艺。目前对 PVA 生产的主要工艺主要划分为拉伸法和涂布法，其中拉伸法是目前的主流工艺。PVA 拉伸的拉伸工艺又主要划分为干法拉伸工艺和湿法拉伸工艺，干法工艺 PVA 先拉伸取向后染色，湿法工艺 PVA 先染色后拉伸取向，其中湿法拉伸法是目前生产显示偏光片的主流工艺；PVA 的染色方法分为碘剂染色和染料染色，其中碘剂染色工艺是目前生产显示偏光片的主流工艺。

下文介绍生产显示偏光片的主流工艺：湿法拉伸工艺和碘剂染色工艺。

来源：CINNO Research 全球五大新兴科技产业发展数据库

图 1－6：PVA 膜碘剂染色、湿法拉伸工序

1.1　碘剂染色工艺

碘剂染色工艺使用的是碘和碘化钾作为二向色性介质，使 PVA 膜具备光偏振性，该工艺于 1938 年被兰德开发出来，后经过产业的应用，工艺技术得到发展和提高。

碘以多碘离子络合物的形式存在于 PVA 的分子槽中，形成了对可见光波段范围内的广波域的覆盖。碘剂染色工艺影响着偏光片的透过率和光偏振度，制程对碘离子络合物的平衡性和排列的控制情况决定了透过率的高低和偏振度的特性。

碘剂染色工艺最重要的工艺条件是染色槽中溶液的配方，优秀的配方可以使偏光片具备覆盖整个可见光波段均匀吸收的特性。同时，温度控制能力也很重要，提高温度，可以加快分子运动、提高染色效率，但碘是易升华的物质，所以温度需要合理控制，不宜过高。

1.2　湿法拉伸工艺

湿法拉伸工艺从 20 世纪 90 年代末期开始，由日本厂商开始应用于显示偏光片的生产。

PVA 从供应商处以 PVA 膜卷材的形式购入，是无色透明的状态。进入拉伸工序时，先浸润在一定温度的纯水中清洗；再进入下一个纯水槽进行膨润，使 PVA 膜吸收水分，水分有利于帮助碘剂扩散，提升染色效果，膨润的目的是保证染色均匀；接着进入碘剂染色工序，碘剂是二向色性物质，具有光偏振性能，经过该工序 PVA 膜具备了偏光性能；再经过水洗以后进行拉伸，湿法拉伸是 PVA 膜在一定配比的溶液中进行的拉伸，使 PVA 膜拉伸后对碘分子进行拉伸取向；再经过补色、清洗、干燥工序就可以进入与 PVA 保护层贴合的工序了。

湿法拉伸工艺在拉伸倍率、染色效率、色调均匀性、耐久性方面具有优势，但是 PVA 膜在液体中拉伸的制程控制较难，易断裂，且宽幅也受设备的宽幅限制。但是随着偏光片产业的发展，工艺能力已经大大改进。

2. 显示偏光片的生产工序

偏光片企业习惯上把工序分为前段产线和后段产线。其中 PVA 膜拉伸，与 PVA 保护膜贴合，再与保护膜及离型膜贴合的工序称为前段产线。至此，偏光片的光学性能已经完成，之后只需要根据客户的需求，裁切成不同尺寸的产品即可，后续的裁切、检验、包装、储存等工序则被称为后段产线。为了满足大尺寸生产要求，同时为了快速对应客户，偏光片公司在面板厂内架设裁切产线，包括架设 RTP(Roll to Panel)产线。

偏光片是一种光学复合膜，前段产线工序是多层膜贴合在一起的过程，具体包括 PVA 保护膜预处理、PVA 拉伸、内外 PVA 保护膜与 PVA 贴合、离型膜及保护膜贴合。

(1) PVA 保护膜预处理：该制程将 PVA 保护层(通常称为

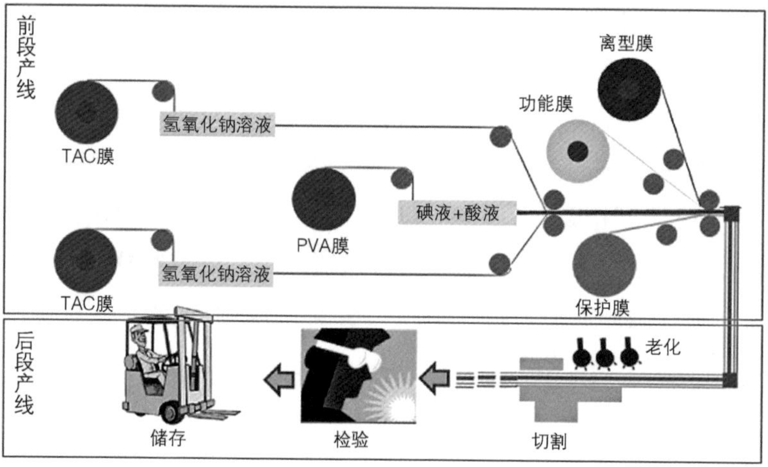

来源：网络图片

图 1-7：偏光片生产工艺流程图

TAC 层)进行碱液处理，经过水洗槽清洗残留的碱液后，烘干收卷，此制程主要目的在于降低 TAC 膜的接触角，便于与 PVA 膜贴合。

（2）PVA 拉伸：先将经过纯水膨润后的 PVA 膜浸入染色槽，吸附二向吸收的碘分子，再经过拉伸槽对碘分子进行拉伸取向、烘干。

（3）PVA 膜与内外 PVA 保护膜贴合：使用接着剂将两层预处理过的 PVA 保护膜(通常称为 TAC 膜)与拉伸后的 PVA 贴合在一起。

（4）PSA 涂布：将压敏胶涂布在离型膜上，经过烘干，准备与已经贴合好的 PVA 与 PVA 保护膜(通常称为 TAC 层)的复合膜进行贴合的工程。

（5）离型膜保护膜贴合：复合离型膜等其他膜材的制程。贴合好以后的偏光片即是原卷状态，卷状收集，放置到恒温固化室进行固化，以备后段产线使用。

至此，偏光片前段产线完成，光学的特性已经具备，通常将此时的卷状偏光片称为“原卷”。后续可根据客户需求、生产基地需求等，将“原卷”长途运输到全球任意地点进行后段产线加工。后段产线的主要工序有：裁切、检查、包装、运输。部分企业的后段工序会包含保护膜的贴合。

第二章

应用篇

一、全球主要显示面板技术介绍

目前，新一轮科技革命与产业变革正在创造历史新机遇，国内外发展环境和条件都在发生深刻的变化，光电产业又站在了历史的新起点上。世界多极化、经济全球化、社会信息化的深入发展，带动全球产业不断调整，光电产业格局有望重塑。

作为光电产业核心领域，平板显示主要包括 TFT－LCD、OLED、QLED、Micro－LED 等技术，融合了光电子、微电子、化学、制造装备、半导体工程和材料等多个学科，具有产业链条长、附加值高、多领域交叉的特点。

1. TFT－LCD 显示面板技术分析

1.1 TFT－LCD 显示面板技术概述

TFT－LCD（Thin Film Transistor Liquid Crystal Display）即薄膜晶体管液晶显示器，是光电转换的光源技术与光源调制的液晶技术相结合的主流显示技术。TFT－LCD 结合了半导体技术、液晶材料技术、背光模组技术，目前是全球显示产业的主流显示技术，也是最早进入大规模产业化生产的平板显示技术。[①]

---

① 马群刚，TFT－LCD 原理与设计（第二版），电子工业出版社

TFT - LCD 在下游电视、桌面显示器、笔记本电脑、平板电脑、智能手机、车载显示等终端产品中都有着广泛的应用。

TFT - LCD 显示原理是利用液晶对偏振光的旋光效应来控制光的传播，即光通过偏光片后形成一个方向的偏振光，偏振光在经过液晶层时由液晶分子的排列状态决定是否发生旋光效应。在 TFT - LCD 显示面板结构中有上、下两片呈 90°夹角的偏光片，这样当偏振光旋转 90°时可以通过上偏光片，显示器呈现亮态；当偏振光未发生旋转时则无法通过，显示器呈现暗态。彩色滤光片提供了全彩显示的解决方案。

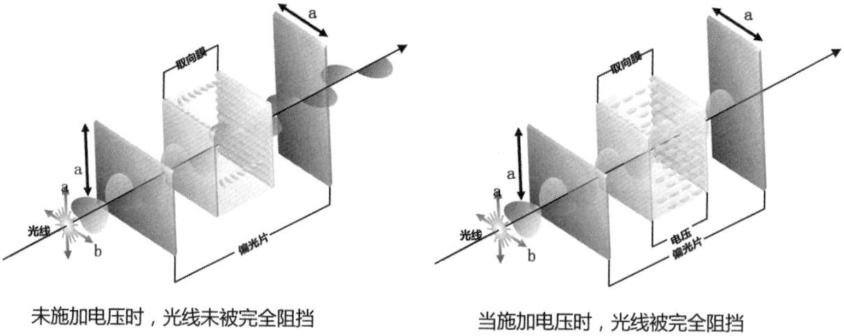

来源：CINNO Research 全球五大新兴科技产业发展数据库

图 2 - 1：液晶显示原理

TFT - LCD 结构复杂，其主体部分由显示面板和背光模组组成。其中显示面板区域为显示功能区，背光模组为提供光源的部件。由于液晶显示面板本身不发光，因此需要依靠背光模组提供光源。

TFT - LCD 的核心原材料及其功能描述如下：

（1）玻璃基板（Glass）：玻璃为制造液晶显示器的重要载体，

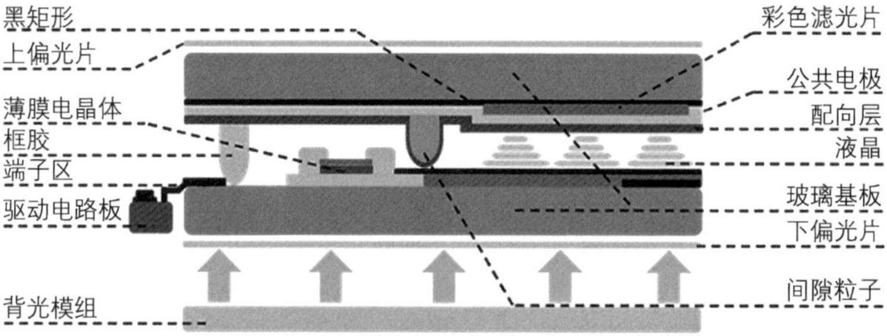

来源：CINNO Research 全球五大新兴科技产业发展数据库

图 2－2：TFT－LCD 结构图

TFT 和 CF 各需要一片，共两片。显示产业使用的玻璃要求厚度薄(0.4 mm—0.7 mm)，透明度高，异物颗粒少，耐高温，具有一定的耐酸性与耐碱性，形变量小。

(2) 偏光片(POL)：偏光片由 TAC 膜、PVA 膜、PSA 及离型膜等多层膜贴合而成，生产工艺复杂。偏光片仅允许平行于偏光轴方向的光通过，并把自然光转变成直线偏振光。

(3) 液晶(LC)：液晶在特定排列顺序下具有旋光性，可以将特定方向的偏振光旋转 90°，这样配合上下偏光片就可以控制光线的通过与否。当液晶排列不具旋光性时，通过下偏光片的偏振光无法通过上偏光片，光线不通过；当液晶排列具旋光性时，通过下偏光片的偏振光旋转 90°后可以通过上偏光片，光线通过。

(4) 彩色滤光片(Color Filter)：彩色滤光片的主要功能为实现彩色显示。目前液晶显示面板使用红色 R、绿色 G 和蓝色 B 三原色来实现彩色显示。

(5) 背光模组(Backlight Unit)：TFT－LCD 显示面板本身不具备发光特性，因此必须在 TFT－LCD 显示面板上加上发光源才能达到显示效果，背光模组就是为液晶显示器提供背面光源的光学元件，是液晶显示器中重要的非标准化元器件。

1.2 LCD 显示面板工艺流程介绍

液晶面板工艺主要为 Array（阵列）段、Color Filter（彩膜）段、Cell（成盒）段和 Module（模组）段。

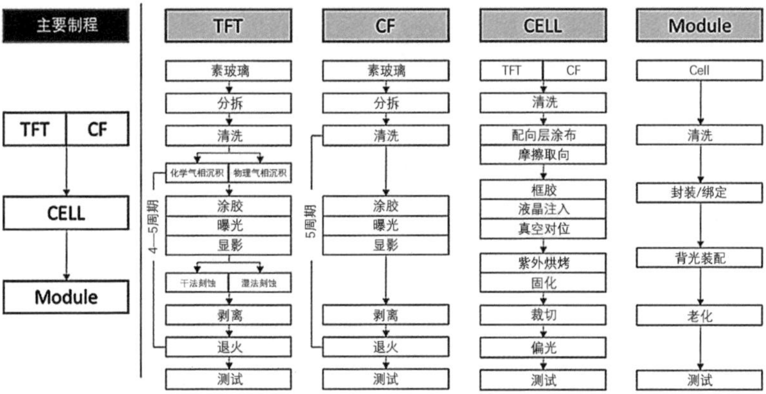

来源：CINNO Research 全球五大新兴科技产业发展数据库

图 2－3：液晶面板生产制造工艺流程

Array 段主要是通过薄膜工艺、黄光工艺和刻蚀工艺在玻璃上形成特定图形的薄膜晶体管。通过控制这些晶体管的开闭来控制液晶的旋转，最后形成亮暗形态的显示效果。

Color Filter 段主要是通过光阻涂布曝光工艺，将红绿蓝三色色阻阵列制作到玻璃上，以形成彩色显示的效果。

Cell 段主要是向 TFT 和 CF 玻璃中间注入液晶材料，再将大张玻璃切割成小的 Cell，然后贴附偏光片。

Module 段主要是将 Cell（TFT－LCD 半成品玻璃）清洗后进

行绑定工艺，完成电气结合，再组装背光，检测后以成品出货。

1.3 LCD 显示面板主要分类

1.3.1 按照液晶旋转模式分类

在外加电场作用下，液晶分子的排列方向发生变化，从而控制透过显示屏的光量，因此根据不同的液晶可以表现出不同的显示模式。①

TN 显示模式

扭曲向列型（Twisted Nematic，TN）显示模式是在显示屏内注入向列型液晶，并在显示屏内形成一个 90°的扭曲配向结构。这个扭曲配向结构会使向列型液晶在外在电压的作用下，把射入的直线偏光扭转输出。TN 显示模式的这种独特现象称为旋光特性。

TN 显示模式在无外加电压条件下，自然光进入 TFT 侧的偏光片后，形成平行于液晶分子长轴的直线偏光。经过液晶层 90°的扭曲配向，形成 90°偏转的直线偏光。因为 CF 侧偏光片的偏光轴和 TFT 侧偏光片的偏光轴呈 90°垂直分布，90°偏转的直线偏光会透过 CF 侧偏光片后射出。所以，TN 显示模式在无外加电压的通常情况下，背光透射而过呈白色，俗称"常白模式"。

如果在液晶上下两侧施加纵向电压，除上下两侧配向膜附近的液晶外，液晶层中大部分都垂直分布。穿过 TFT 侧偏光片的直线偏光无偏转地通过液晶层，平行于 CF 侧偏光片的偏光轴。直线偏光被吸收，无光线射出，呈黑色状态。

IPS 显示模式

面内转换（In-Plane Switching，IPS）显示模式的特点是

① 马群刚，TFT－LCD 原理与设计（第二版），电子工业出版社

Homogenize配向的液晶分子在平行于玻璃基板的面内，在梳形电极间施加电压后，使液晶分子在面内发生转动，引起双折射来控制光的透过量。IPS显示模式的像素电极和公共电极设计在同一侧，以形成平面电场。

在无外加电压条件下，自然光进入TFT侧的偏光片后，形成平行于液晶分子短轴的直线偏光，偏光方向不能转动，以同样的状态射入CF侧偏光片。因为直线偏光与CF侧偏光片的偏光轴垂直，所以这里的直线偏光就被CF侧偏光片吸收，显示呈黑色状态。这种在无外加电压的通常情况下，背光不能透过，呈黑色显示的模式，俗称“常黑模式”。

如果在水平面液晶左右两侧施加横向电压，液晶分子沿着电场方向排列。这样，透过TFT侧偏光片的直线偏光经过液晶层后，呈（椭）圆偏光状态，最终透过CF侧偏光片，呈白色状态。

VA显示模式

垂直配向（Vertical Alignment或Vertically Aligned，VA）显示模式的特点是液晶分子垂直玻璃基板取向排列。在不加电和加电两种状态下，液晶分子的方向实现垂直和倾斜之间的切换，液晶分子的旋转属于空间旋转。VA显示模式采用的TFT侧偏光片和CF侧偏光片的偏光轴是正交配置的。

在无外加电压条件下，自然光进入TFT侧的偏光片后，形成平行于液晶分子短轴的直线偏光，偏光方向不能转动，以同样的状态射入CF侧偏光片。因为直线偏光与CF侧偏光片的偏光轴垂直，所以这里的直线偏光就被CF侧偏光片吸收，显示呈黑色状态。这种黑色是上下偏光片正交形成的，排除了液晶层的影响，具有最佳的黑色效果。

TN显示模式和IPS显示模式，由于要在配向膜上进行摩擦配向，以处理形成水平配向所需的预倾角，根据液晶双折射率的特点，直线偏光透过液晶层后多少会形成一部分椭圆偏光，所以做不到真正的黑。VA显示模式具有最佳的黑色状态，对比度的分母非常小，可以实现最佳的对比度。所以，VA显示模式是一种天生具备高对比度的显示模式。和IPS显示模式一样，VA显示模式也俗称为“常黑模式”。如果在液晶上下两侧施加纵向电压，液晶分子就会沿着电场方向倾斜“躺下”。透过TFT侧偏光片的直线偏光经过液晶层后，呈（椭）圆偏光状态，最终透过CF侧偏光片，呈白色状态。

表2-1：TFT-LCD技术中TN/VA/IPS技术比较

技术	TN	VA	IPS
图示	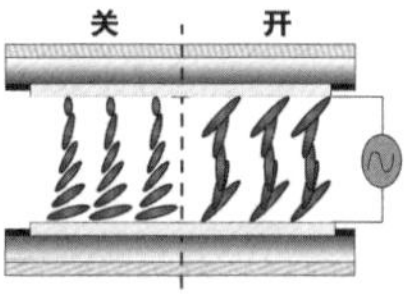	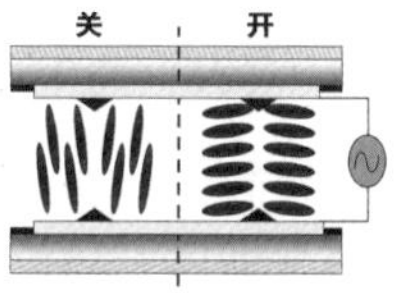	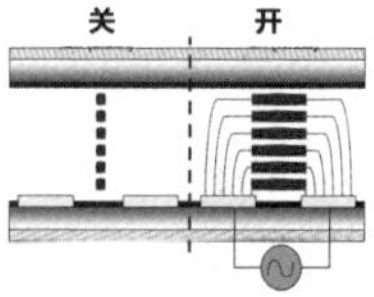
优势	快速响应，高穿透率	广视角，高对比，低色差	广视角，高对比，无色差，硬屏
劣势	低对比度，窄视角，有色差	低开口率，低穿透率，软屏	低开口率，低响应速度

来源：CINNO Research全球五大新兴科技产业发展数据库

1.3.2　按照背光模式分类

液晶显示面板本身不具备发光特性，因此必须在液晶显示面板上加上发光源才能达到显示效果。在背光模组的结构方面，液晶显示面板一般可分为前光式（Front light）与背光式（Back light）两种，而背光式可依据其光源的位置分类，主要有以下两大结构。

侧光式结构：光源放置在模组侧边，常见于中小尺寸背光模组，得益于其侧边入射的光源设计，侧光式背光模组拥有轻薄化、窄边框、低能耗等优势，多用于手机、平板电脑、笔记本电脑等中小尺寸产品。

直下型结构：对于超大尺寸的背光模组，侧光式结构在重量、能耗及亮度上不再具备显著优势。因此不含导光板、光源放置于正下方的直下型结构得到发展，光源经反射片反射及扩散片均匀分散后于正面发出。LCD 显示技术经历了 CCFL 背光阶段后，长期由在能耗、显示效果、寿命等方面更具优势的 LED 背光所主导。而 LED 背光也正经历着向更小间距、更多分区控制为主要发展方向的演进，逐步提高显示效果，以应对 OLED 等新型显示技术的冲击。目前市场主推的 Mini－LED 背光是一种具备可量产性、前景广阔的背光技术，相对于传统 LED 背光，Mini－LED 背光既可实现更精细的分区调光和高对比度，也可以通过极小的混光距离（OD），减少模组厚度，或者维持适当的 OD 而实现成本优化。

1.3.3 按照背板技术分类

从背板技术角度，TFT－LCD 面板主要可分为 a－Si、IGZO、LTPS 三种。早期的 TFT－LCD 都是用 a－Si 作为背板技术，a－Si 为非晶硅技术，是目前应用最广的一种，技术简单、成本低廉，但开关所占的像素本身的面积很大导致亮度无法做得很高（开口率低），同时 PPI 也只能做到较低的水平。随着消费者对显示产品的要求逐步提高，手机、平板等移动终端向着更高清、色彩度更饱和、更轻薄化发展。a－Si 这种技术显然已经不能达到最新显示效果的要求，催生了 IGZO 与 LTPS 这两种技术。

IGZO(Indium Gallium Zinc Oxide)为铟镓锌氧化物的缩写，是金属氧化物(Oxide)面板技术的一种。它具有迁移率高、均一性好、透明、制作工艺简单等优点。相对于a-Si，IGZO在光照下的稳定性较好，并且IGZO具有很强的弯曲性能，可用于柔性显示。但是IGZO也有一些缺点。例如，使用寿命相对较短，对水、氧等相当敏感，当使用时间过长时操作的可靠度与稳定性都会有一定程度的下降。

由于以上两种技术存在的问题，目前高端机型会更多地采用LTPS(Low Temperature Poly-silicon)，即低温多晶硅技术，它是非晶硅经过镭射光均匀照射后，非晶硅吸收内部原子发生能级跃迁形变成为多晶结构而形成的。相较其他两种技术，LTPS拥有更高的电子迁移率，所以LTPS技术下的显示器件分辨率更高、反应速度更快、亮度更高。

LTPS技术的最大的优势体现在同样可以与OLED完美搭配。多晶硅的分子结构在一颗晶粒中的排列状态是整齐而有方向性的，因此电子移动率比排列杂乱的非晶硅快了200—300倍，而OLED是电流驱动，对基板的导电性要求较高，只有LTPS才能完成匹配。

2. OLED显示面板技术分析

2.1　OLED显示技术概述

OLED显示技术为有机物自发光显示技术，其采用铟锡氧化物(ITO)作为阳极，在阳极上制作一层几十纳米厚的有机发光材料(红光、绿光、蓝光等)作发光层，发光层上方再用一层低功函数金属覆盖作为阴极。当两电极上加有电压时，阳极提供空穴，阴极提供电子，空穴和电子在发光层中复合形成不稳定的激子，激子退激辐射发出光子，释放能量。为增强电子和空穴的注入和传输能力，通常又在阳极和发光层间增加一层空穴注入层和空穴传输层，以及在发光层与阴极之间增加一层电子注入层和电子传输层，以提高发光效率。而在材料的使用上，会适量加入 Dopant 来调节所需的能阶状态。

OLED 显示技术具有自发光、广视角、超高对比度、较低耗电、极高反应速度等优点。OLED 屏幕的主要优势在于像素的高度可控性，不需要显示的像素可以实现完全关闭状态，从而实现更纯净的黑色以及更高的对比度。此外，在显示画面时关闭不需要的像素也可以降低功耗。

区别于 TFT - LCD，OLED 屏幕因为采用自发光，不需要增加背光源，可以做得非常薄，非常适合手机这样的移动设备。此外，由于少了硬质的背光层以及随着柔性塑料基底的成熟，OLED 在柔性屏幕上也具有很大的优势，在可弯折设备和可穿戴设备的

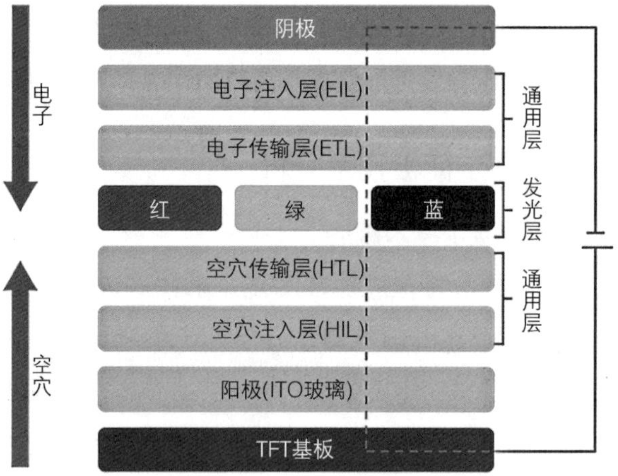

来源：CINNO Research 全球五大新兴科技产业发展数据库

图 2 - 4：OLED 结构图

形态上创造了更多的可能。

2.2　OLED 显示面板工艺流程介绍

OLED 面板工艺主要包括背板段（阵列）、前板段（有机蒸镀）和模组段等环节。

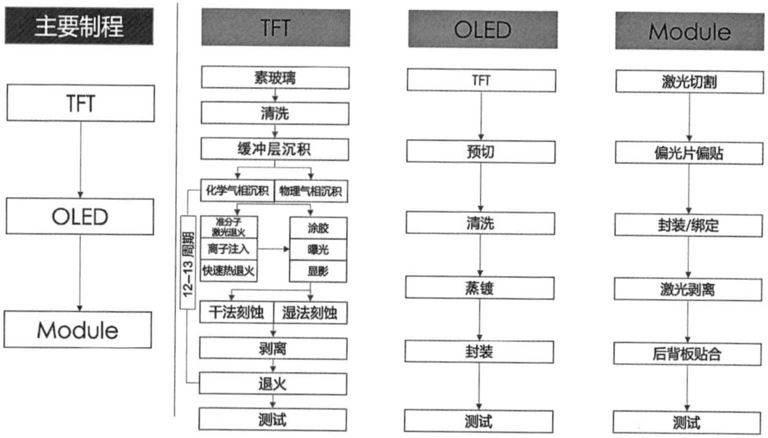

来源：CINNO Research 全球五大新兴科技产业发展数据库

图 2－5：OLED 面板生产制造工艺流程

背板段工艺，即制作 TFT 基板。背板段工艺主要通过成膜，曝光，蚀刻叠加不同图形不同材质的膜层以形成 LTPS，技术难点在于微米级的工艺精细度以及电性指标的极高均一度。由于 OLED 属于电流驱动器件，对电流的稳定性要求很高，而电流的稳定性又与电子的迁移率有关，因此 LTPS 是适合做 OLED 用 TFT 的最佳半导体薄膜。一般来说，OLED 采用 LTPS 基板搭载 TFT，而 LCD 中由于成本及工艺的原因，采用 a－Si 的最多。

值得注意的是，TFT 在液晶显示器中起驱动开关的作用，通过 TFT 开关控制液晶的电压大小，进而控制液晶分子的旋转角度，通过遮光和透光来达到显示的目的；在 OLED 中同样起开关的作用，通过 TFT 开关控制电流大小进而控制发光亮度。液晶显示器和 OLED 在制备 TFT 阵列中的不同点：(1) OLED 对 TFT 需求数量较多，液晶显示器中一个像素只需要一个 TFT，而 OLED 中至少需要 4 个 TFT；(2) OLED 对 TFT 的制备工艺要求极高，同样是 TFT，OLED 中的 TFT 良率一般要低于液晶显示器中的 TFT。

OLED 段制程是整个 OLED 工艺中的最重要的环节。具体流程为：对 LTPS - TFT 基板进行不同方式的清洗、干燥之后，送入氮气环境中进行降温，并反转基板，使膜面朝下。对于处理后的基板，送入真空室进行各功能层、发光层的蒸镀。蒸镀之后，一般会立马进行点灯检测，已确保色偏等达标，然后进行封装工艺，最后进入功能性测试和外观检，最后进入模组段切割，切割后偏光片贴附。

模组段制程即对制作好的 OLED 面板进行模组装配，是产品面向应用的最后一道工序，也是检测面板品质的最后一道环节。OLED 模组段和 LCD 模组段相似，但由于 LCD 需要与背光源进行组装，且 LCD 需要贴合彩色滤光片而 OLED 不需要等具体差异，总体来看在模组段的工序上 OLED 较 LCM 简单。基本流程为：首先对面板进行切割、裂片、清洗和干燥，然后再进行面板的 ACF 贴附，接着做 COG、FOG、TAB 的绑定，经模组电测之后，涂保护胶并固化，最后完成外引线和驱动板装配，进行包装入库。

2.3 OLED 显示面板技术分类

2.3.1 按照驱动方式分类

OLED 屏幕因为采用自发光，不需要增加背光源，OLED 按照背板的驱动方式，通常会分为主动式 OLED（AMOLED，又称有源式 OLED）和被动式 OLED（PMOLED，也称无源式 OLED）：

AMOLED 显示技术介绍

有源驱动的 AMOLED 每个像素都配备具有开关功能的薄膜晶体管（TFT），并且为每个像素配备一个电荷存储电容。这种有源驱动属于静态驱动方式，具有存储效应，可进行 100% 负载驱动，这种驱动不受扫描电极数的限制，AMOLED 面板上各个像素皆可独立运行并连续驱动，因而易于实现更大尺寸和更高分辨率产品。

AMOLED 用 TFT 驱动线路结构与 TFT - LCD 相似，但要求更为严格。由于 AMOLED 需要电流驱动，因此，除了 On/Off 的切换 TFT 之外，还需要有能让足够电流通过的阻值较低的小型 TFT，以实现取得稳定的电压之后，再转换为稳定的电流来控制 AMOLED 的发光。目前主流的中小尺寸 AMOLED 多采用低温多晶硅电晶体（LTPS TFT）技术，以实现较高的电流驱动能力，但对相关业者提出了高额投资和高良率能力的挑战。

PMOLED 显示技术介绍

PMOLED（无源式 OLED）采用被动式驱动（Passive Matrix）线路，单纯地以阴极、阳极构成矩阵状，以扫描方式点亮阵列中的像素，每个像素都是在短脉冲模式下操作，为瞬间高亮度发光。其优点是结构简单，在设计上不需要复杂的独立开关器件，仅需要在发光层上下分别制作阳极和阴极电路并封装即可。该技术降低了制程的复杂度，可以有效降低设计、材料、制造成本，大幅降低生产成本。然而该技术也存在扫描电极负载过大、驱动电压高、像素串扰等缺点，使 PMOLED 的应用受到较大限制，目前主要应用在低分辨率和小尺寸产品市场，如工控、办公、家电等细分市场，不适合应用在大尺寸与高分辨率面板上。

2.3.2 按照制造工艺分类

按照制造工艺来分，OLED制造工艺主要包括蒸镀法和喷墨式印刷法（打印法）。

蒸镀法是在真空环境下通过电流加热、电子束轰击加热和激光加热等方法，使被蒸材料蒸发成原子或分子，使之能以较大的自由程作直线运动，碰撞基片表面并凝结，形成薄膜。

喷墨法主要是将OLED有机材料配制成“墨水”，然后将少于几十皮升的“墨水”直接喷墨打印在基板表面形成有机发光层。

目前来看，蒸镀法工艺相对成熟，已经实现了大规模的商用，而喷墨式印刷法虽然在理论上更经济、高效，但在实际的商业化量产中仍存在一定待解决的技术问题，相关技术仍不成熟，暂时无法实现产业化应用。

2.3.3 按照基底材料分类

按照基底材料可以分为硅基OLED、刚性玻璃基OLED和柔性OLED，其差异主要在于基底材料及中间层有机发光材料的封装方式。

柔性OLED使用PI（聚酰亚胺）等柔性材料作为下基板，同时采用薄膜封装；而刚性OLED则使用传统的玻璃基板及玻璃封装。在终端消费电子产品曲面屏、可弯折的发展趋势下，柔性OLED面板及PI等供应链产业将成为OLED显示技术的未来发展方向。

硅基OLED与AMOLED和PMOLED的主要区别是在基材和集成电路的生产工艺上。目前硅基OLED技术主要应用在硅片等载体上，采用单晶硅制程工艺技术进行集成电路生产，然后按照 OLED 的生产工艺进行蒸镀和封装制程。硅基 OLED 主要优点是高迁移率、性能稳定、高寿命和高解析度。由于其超高的解析度，其产品主要应用在近眼显示、AR、VR 等显示场景。基于其技术优势，在军事以及消费电子领域，硅基 OLED 产品也会为用户带来前所未有的视觉体验。

3. 其他新型显示技术概述

更好的显示效果和更低的能耗始终是显示技术发展的主题。在显示效果方面，显示技术向更高像素密度、更高对比度、更广色域等方面发展以匹配用户日益提高的视觉体验要求。另一方面，发光效率不断提高，显示技术向低能耗方向发展，移动设备续航能力得到提升。

随着 CRT、等离子等技术的逐步淘汰，LCD 成为显示技术主流。但近年来在不同尺寸、不同应用领域不断受到量子点、Mini/Micro - LED 等新技术的挑战。在产业链厂商积极推动下，各项新型显示技术快速发展，随着其中 Mini - LED 等技术的逐步成熟并进入量产阶段，有望在大尺寸显示领域对现有市场格局形成冲击。自发光显示技术在对比度、广视角、轻薄化、柔性等方面具备先天优势，随着新技术瓶颈不断突破、良率及发光效率提升，有望成为未来显示技术主流。

（1）量子点

量子点（Quantum Dot，QD）即半导体纳米晶体，由有限数目原子组成，三维尺寸均为纳米级，一般为球形或类球形、稳定直径在 2 nm—20 nm 的纳米粒子。由于电子和空穴被量子限域，连续能带结构变成具有分子特性的分立能级结构，受激后可以发射荧光。依据发光方式不同，量子点材料的发光特性可以分为光致发光（Photoluminescence，PL）与电致发光（Electroluminescence，EL）。QDEL 利用量子点在电驱动下的自发光作为显示基础，由于溶液制程研发困难，且存在可靠性低、蓝光发光效率及使用寿命低、镉系量子点环保限制等问题，业内普遍认为 QDEL 技术产业化应用仍需 5 年以上。

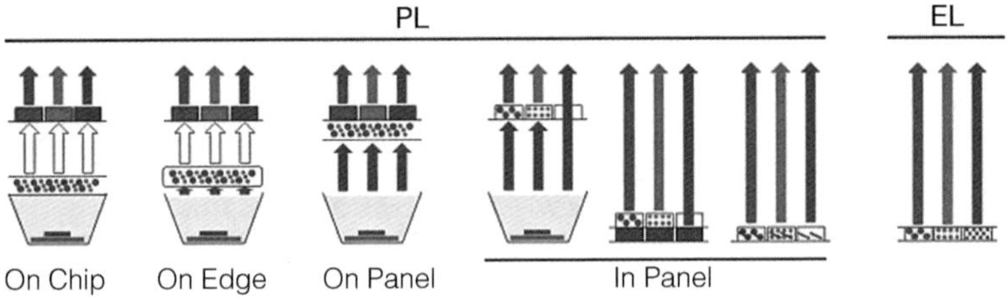

来源：CINNO Research 全球五大新兴科技产业发展数据库

图 2－6：量子点材料不同应用方式及结构对比

QD－LCD 仍然采用液晶显示器的主体架构，仅在背光源上添加量子点膜或量子点扩散板，蓝光 LED 背光源发出的光经过量子点层的转化，实现全彩显示。QD－LCD 发光光谱半峰宽极窄，约为 30 nm 左右，可实现更高色纯度、更广色域的显示效果，目前 QD－LCD 电视的色域可达到 110％NTSC。但 QD－LCD 与 Mini－LED 背光液晶显示器相比仅在色域、色纯度、成本等方面具备优势，而 Mini－LED 采用 P1.0 以下点间距精准调控电流实现精细化区域调光，在对比度、HDR、稳定性和可靠性、轻薄化以及安全环保（无镉）等更多方面具备显著优势，量子点薄膜（QD Film）结合 Mini－LED 背光的技术路线同样受到产业内广泛关注，两者结合可实现更好的显示效果。

（2）Mini/Micro - LED

Mini - LED，即“次毫米发光二极管”，是指晶粒尺寸约在 50 μm—200 μm 的 LED，其晶粒尺寸和点间距介于一般的小间距 LED 和 Micro - LED 之间。由于 Micro - LED 长期存在包括微缩制程、巨量转移、全彩化等技术和成本上的不足，暂时无法实现产业化应用，晶粒尺寸更大、适用传统制程、技术难度相对较低的 Mini - LED 作为 Micro - LED 产业化应用前的“过渡技术”应运而生。

结合倒装 COB 或 IMD 技术，Mini - LED 可实现 1 mm 以下点间距显示，像素密度高于一般的小间距 LED 且可实现低亮度下的高灰度显示。同时，Mini - LED 作为背光源应用于液晶显示屏，可通过区域调光提高对比度，实现 HDR 等精细化显示效果。

在新兴显示技术掀起的新一轮显示技术革命中，Mini - LED 赋能传统液晶显示技术，结合成熟工艺和寿命优势，液晶显示结合 Mini - LED 背光在近几年的中大尺寸显示领域具备非常巨大的竞争力和发展空间。在技术路线和应用场景上，Micro - LED 与小间距 Mini - LED 一脉相承，也是这条技术路线的演进方向。传统 LED 厂商希望以此为契机进入消费市场，面板厂商在抓住 Mini - LED 背光液晶显示面板与 OLED 面板机会的同时，自然也不会放过 Micro - LED 电视这一终极目标。双方除竞争外，在技术资源、市场渠道等方面存在互补与合作的空间。

小间距 LED、Mini - LED 和 Micro - LED 在芯片尺寸及点间距方面存在差异。小间距 LED 指点间距在 2.5 mm 以下的 LED

产品；Mini－LED 芯片尺寸约为 50 μm—200 μm；Micro－LED 芯片尺寸在 50 μm 以下，一般为 1 μm—10 μm 级别。自 LED 实现全彩化以来，从传统 LED 到 Micro－LED，晶粒尺寸和点间距微缩化成为 LED 显示技术确定的发展趋势。目前 Mini－LED 芯片已实现量产，主流封装厂商已具备 P0.9 产品量产能力，主流屏幕供应商已实现 P0.7 超微间距显示屏量产。在市场需求拉动、厂商及科研机构推动下，LED 发光效率持续提升，晶粒尺寸和点间距微缩化，像素密度成倍增长，显示性能得到大大提升，推动应用领域不断扩展，目前已可实现手机背光、电视背光、笔记本电脑背光、车用面板背光、室内大尺寸显示屏等多元化应用。同时，LED 具有半导体属性，在“海兹定律”驱动下，LED 成本持续下降，在替代性、新增需求及性价比提升的驱动下，新技术在传统领域加速渗透并不断拓展新的应用领域。

Mini－LED 作为一种市场前景广阔的新技术，具有“薄膜化、微小化、阵列化”的优势，将逐步导入产业应用。以终端应用场景来分类，Mini－LED 的应用方式可以分为直显和背光两大类。

直显 Mini－LED 与现有的小间距 LED 相比，Mini－LED 通过更小的点间距实现更高的像素密度，采用倒装 COB 或 IMD 封装技术能够进一步改善画面颗粒感。另一方面，室内显示产品对于亮度要求不高，Mini－LED 能够改善小间距 LED 存在的亮度偏高的问题，提高低亮度下的灰度显示效果。但 Mini－LED 用于直接显示价格高昂，在目前以商显客户为主的市场环境下优势并不明显，因此背光仍是 Mini－LED 现阶段最主要的应用方式。

Micro－LED 将 LED 薄膜化、微小化、阵列化形成高密度集成

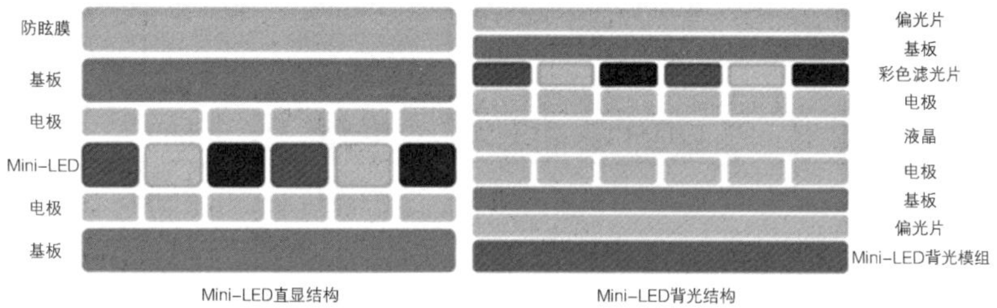

来源：CINNO Research 全球五大新兴科技产业发展数据库

图 2－7：Mini－LED 直显与 Mini－LED 背光结构对比

微型 LED 阵列，其尺寸一般仅在 1 μm—10 μm。由于 Micro－LED 当前仍然面临微缩制程、巨量转移及全彩化等技术难题以及成本过高等产业化瓶颈，晶粒尺寸更大、适用传统制程、技术难度相对较低的 Mini－LED 成为 Micro－LED 产业化应用前的"过渡技术"而迎来产业上下游厂商的广泛关注和积极布局。

表 2－2：小间距 LED、Mini－LED、Micro－LED 对比

显示技术	小间距 LED	RGB Mini－LED	Micro－LED
LED 芯片尺寸	>200 μm	50 μm—200 μm	<50 μm
发光效率	中	高	高
分辨率	低	中	高
对比度	低	中	高
可视角	窄	宽	宽
点间距	大	中	小
能耗	中	低	低

来源：CINNO Research 全球五大新兴科技产业发展数据库

二、全球显示面板产量与产线趋势

1. 全球 TFT－LCD 显示面板出货量趋势

根据 CINNO Research 统计数据显示，从 2016 年至 2021 年，全球 TFT－LCD 显示面板的出货面积预计从 1.9 亿平方米提升至 2.44 亿平方米，年平均复合增长率约 4%，随后 TFT－LCD 显示面板出货面积略有减少，预计至 2025 年，出货面积约为 2.4 亿平方米。伴随 OLED 等新兴显示技术的不断发展成熟，全球 TFT－LCD 显示面板出货面积的增速将逐步放缓，但是 TFT－LCD 显示面板仍是主流应用，为偏光片产业发展提供市场需求。

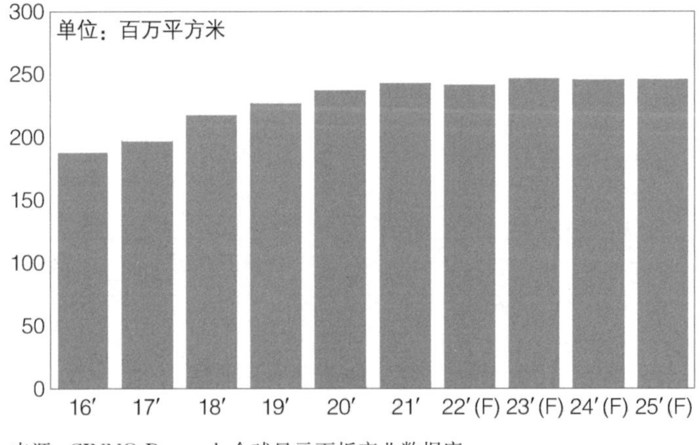

来源：CINNO Research 全球显示面板产业数据库

图 2－8：2016—2025 年全球 TFT－LCD 显示面板出货面积趋势

其中，全球电视用 LCD 面板 2021 年出货面积 1.66 亿平方米，预计将于 2025 年维持在 1.65 亿平方米，占据各应用类别 LCD 面板总出货面积的 69%，是目前 LCD 面板的主要应用市场。全球桌面显示器用 LCD 面板 2021 年出货面积约 2,860 万平方米，预计 2025 年出货面积约 2,860 万平方米。全球笔记本电脑用 LCD 面板 2021 年出货面积约 1,500 万平方米，受全球疫情对居家办公及在线教育应用的拉动，笔记本电脑用 LCD 面板出货面积经历了 2019 年到 2021 年的快速增长后又将逐步回归常态，预计 2025 年出货面积将在 1,120 万平方米。2021 年，全球智能手机用 LCD 面板出货面积约 1,450 万平方米，受 OLED 技术在小尺寸终端快速普及的影响，智能手机用 LCD 面板出货面积自 2020 年起逐年下跌，预计 2025 年出货面积将为 1,170 万平方米。

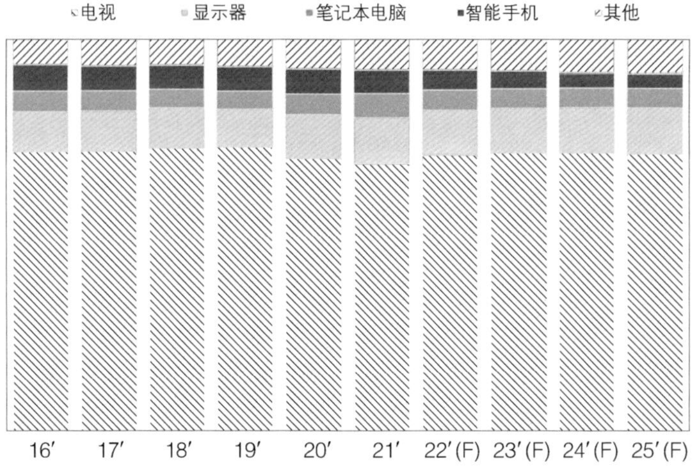

来源：CINNO Research 全球显示面板产业数据库

图 2-9：2016—2025 年全球 TFT-LCD 出货面积应用类别占比趋势

2. 全球 TFT－LCD 显示面板产能分布

全球 TFT－LCD 显示面板生产厂商以中国大陆、中国台湾地区、韩国、日本厂商为主。显示面板产业在国民经济中所占比重大、贡献率高，发展平板显示产业对于加强电子终端产品配套能力具有重要意义。因此，在中国大陆平板显示产业起步发展之初，全球液晶产业曾一度由三星、LGD、夏普、友达、奇美等巨头控制，日本、韩国、中国台湾地区过去对中国大陆一直采取产业限制的政策，不允许当地企业来中国大陆投资高世代液晶面板生产线。中国大陆液晶面板产业面临技术上的封锁，没有自己的高世代生产线，大尺寸液晶面板只能依赖进口，为尽快扭转被动局面，我国政府采取了一系列鼓励措施，促进平板显示产业发展。

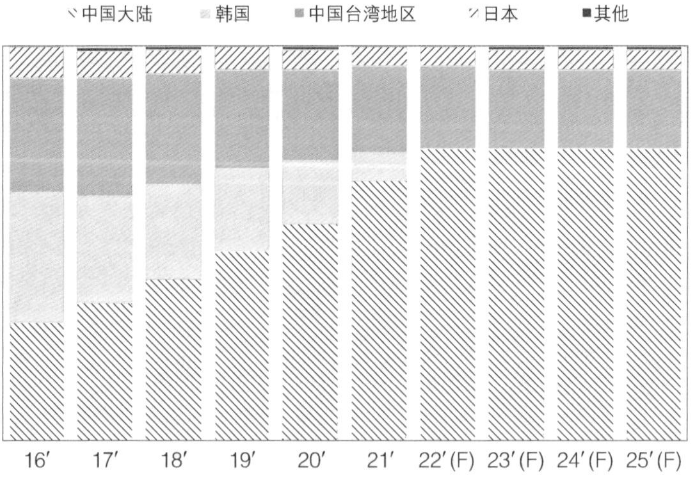

来源：CINNO Research 全球显示面板产业数据库

图 2－10：2016—2025 年全球 TFT－LCD 分区域产能占比趋势

随着中国大陆面板厂的不断投入，从产能面积来看，中国大陆面板厂实际稼动产能在 2018 年超越韩国，成为全球最大的面板供应基地，面板产业的格局也发生了新的变化。目前，中国大陆凭借高世代产能形成对中国台湾地区、韩国、日本的低世代产能的打击，逐步挤占低世代产能厂商的市场份额。

以产能占比趋势来看，2021 年中国大陆 TFT－LCD 产能占全球 66％，显示出中国大陆在 TFT－LCD 领域的主导地位进一步加强，随着韩国关厂，中国台湾地区减产，预计 2025 年中国大陆产能占比将进一步提高至 74％。

3. 中国大陆 TFT－LCD 显示面板产线区域分布情况

中国大陆高世代 TFT－LCD 主要集中在华东苏州、南京、合肥、上海，华南深圳、广州，华中武汉、长沙和西南重庆、成都、绵阳等城市。中国大陆液晶显示面板产能中，京东方（BOE）、华星光电（CSOT）、惠科（HKC）等企业产能均呈现增长趋势。所有面板厂商中京东方（BOE）的增长趋势最为明显，2018 年超越三星（Samsung）、2019 年超越乐金显示（LGD），成为全球产能最大的 LCD 面板厂商。

在中国大陆区域产能分布中，长江三角洲成为明显的产业聚集区域，其中，主要包括合肥京东方、苏州华星、南京熊猫等。同时，广州华星、深圳华星、广州 LG 等主要厂商产线带动广州成为中国大陆 LCD 面板重要生产地区。同时，重庆京东方、成都熊猫、长沙惠科等厂商产线使得华中地区集聚 LCD 面板生产力量。

中国大陆 G6 及以下中小世代 TFT－LCD 主要集中在华东上海、昆山、合肥，华中武汉，西南成都以及厦门等城市。主要面板厂为京东方、天马、龙腾光电、友达光电、信利和华星光电等。

城市	公司	项目类型	世代
绵阳	惠科	TFT-LCD	G8.6
成都	京东方	TFT-LCD	G4.5/G8.6
	天马	TFT-LCD	G4.5
重庆	京东方	TFT-LCD	G8.5
	惠科	TFT-LCD	G8.6
眉山	信利	TFT-LCD	G5
咸阳	彩虹	TFT-LCD	G8.6
武汉	京东方	TFT-LCD	G10.5
	华星光电	TFT-LCD	G6
	天马	TFT-LCD	G4.5
广州	LGD	TFT-LCD	G8.5
	SDP	TFT-LCD	G10.5
	华星光电	TFT-LCD	G8.6
深圳	华星光电	TFT-LCD	G8.5/G11
	深超光电	TFT-LCD	G5
鄂尔多斯	京东方	TFT-LCD	G5.5
北京	京东方	TFT-LCD	G5/G8.5

城市	公司	项目类型	世代
郑州	华锐光电	TFT-LCD	G5
长沙	惠科	TFT-LCD	G8.6
合肥	京东方	TFT-LCD	G6/G8.5/G10.5
滁州	惠科	TFT-LCD	G8.6
南京	京东方	TFT-LCD	G8.5
	中电熊猫	TFT-LCD	G6
苏州	华星光电	TFT-LCD	G8.5
	龙腾光电	TFT-LCD	G5
	友达光电	TFT-LCD	G6
上海	天马	TFT-LCD	G4.5/G5
湖州	泰嘉光电	TFT-LCD	G8.5
福州	京东方	TFT-LCD	G8.5
	华佳彩	TFT-LCD	G6
厦门	天马	TFT-LCD	G5.5/G6
汕尾	信利	TFT-LCD	G5

来源：CINNO Research 全球五大新兴科技产业发展数据库

图 2－11：中国大陆 TFT－LCD 显示面板产业列表

4. 全球 OLED 显示面板出货量趋势

根据 CINNO Research 产业统计数据，从 2016 年至 2021 年，全球 OLED 显示面板的出货面积从 360 万平方米提升至 1,590 万平方米，年平均复合增长率约 52%，2022 年整体市场需求减弱，OLED 显示面板出货面积约为 1,380 万平方米，预计至 2025 年，其出货面积将进一步增至 1,800 万平方米。

其中，全球电视用 OLED 面板 2021 年出货面积约 777 万平方米，同比增长约 84%，预计将于 2025 年减少到约 650 万平方米。全球智能手机用 OLED 面板 2021 年出货面积约 720 万平方米，同比增长约 42%，预计将于 2025 年达到约 930 万平方米。随着

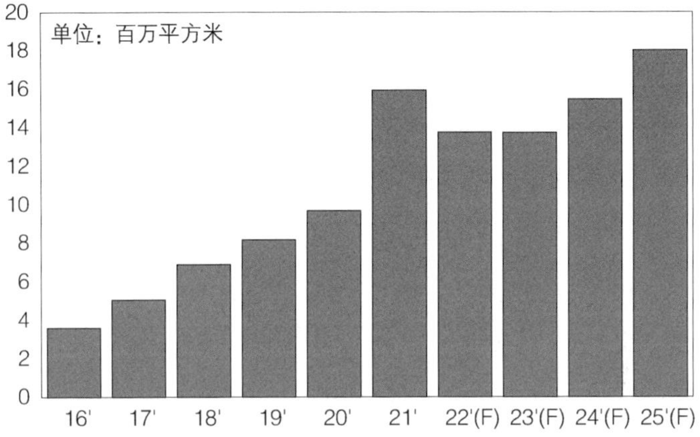

来源：CINNO Research 全球显示面板产业数据库

图 2－12：2016—2025 年全球 OLED 面板出货面积趋势预测

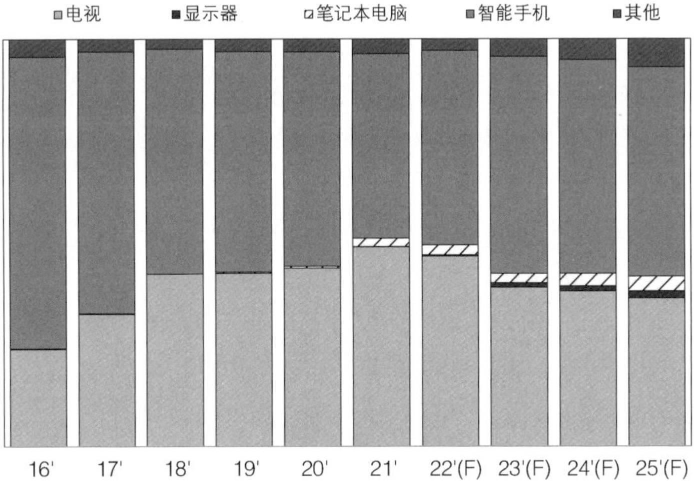

来源：CINNO Research 全球显示面板产业数据库

图 2－13：2016—2025 年全球 OLED 出货面积应用类别占比趋势

5G、物联网、AR/VR 等技术的普及，未来全新的生活、生产方式有望催生更庞大的 OLED 市场。受益于下游终端设备消费市场的旺盛需求，OLED 显示技术是目前市场发展最快的主流技术之一。

5. 全球 OLED 显示面板产能分布

AMOLED 面板主要应用在智能手机、智能穿戴等中小尺寸市场和高端电视等大尺寸市场。此外，AMOLED 面板因具有广视角、轻重量与柔性可折叠的特点，在可穿戴设备领域也具有很强的竞争力。由于智能手机是全球最大的消费电子市场，因此智能手机主流显示技术的 AMOLED 被认为是未来中小尺寸应用方面的核心显示技术。过去中小尺寸 AMOLED 技术主要被韩国三星显示垄断，大尺寸 AMOLED 技术主要被韩国 LG 显示垄断，中国大陆自 2016 年后开始大规模投资建设中小尺寸 AMOLED 产线，开始在技术上和规模上快速追赶韩国。并且中国大陆开始积极布局下一代印刷 AMOLED 技术，计划在技术上弯道超车韩国。

AMOLED 相比 TFT - LCD 投资巨大，目前仅中国大陆和韩国面板厂在投资，中国台湾地区和日本已经基本退出了 AMOLED 的竞争。目前，AMOLED 面板供应主要集中在韩国，三星显示（SDC）占据全球中小尺寸 AMOLED 面板市场的主要份额，三星显示除了满足自身需求之外还主要供给苹果（Apple）、小米（Mi）、OPPO、vivo 等知名手机厂商。

在当下复杂的国际局势下，基于供应链安全性及经济性的考虑，国内京东方（BOE）、华星光电（CSOT）、天马（TIANMA）、维信诺（Visionox）和辉光电（EDO）等面板厂商在新产线建设上持续投入，国内 OLED 面板产能占比快速提升。

以产能占比趋势来看，中国大陆 AMOLED 产能已经从 2016 年的 3%快速提升至 2021 年的 41%，预计在 2024 年超越韩国，位居全球第一，预计到 2025 年将占据全球 55%的产能。

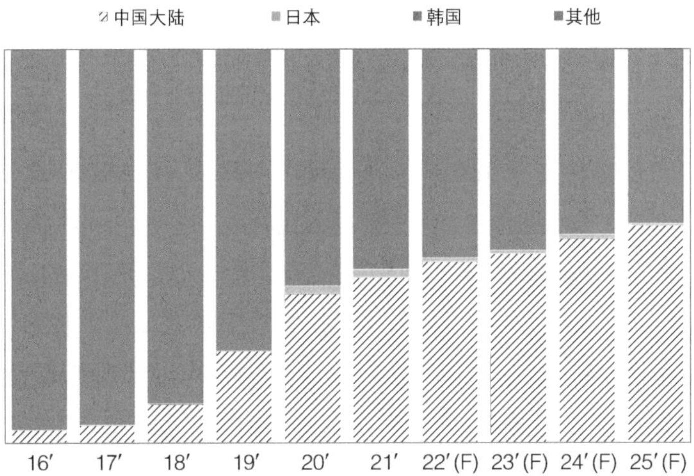

来源：CINNO Research 全球显示面板产业数据库

图 2－14：2016—2025 年全球 OLED 分区域产能占比趋势

6. 中国大陆 OLED 显示面板产线区域分布情况

中国大陆 G6 及以下中小世代 AMOLED 面板厂主要集中在华东上海、昆山、合肥，华中武汉，西南成都、绵阳、重庆以及厦门、福清、固安、深圳等城市。主要面板厂为京东方、维信诺、和辉、天马、信利、柔宇和华星光电等。

目前打印技术高世代 AMOLED 尚不成熟，仅华星光电宣布将在广州建设工厂，白光 OLED 技术全球仅韩国 LG 显示掌握，在

城市	公司	项目类型	世代
绵阳	京东方	AMOLED	G6
成都	京东方	AMOLED	G6
重庆	京东方	AMOLED	G6
武汉	天马	AMOLED	G6
	华星光电	AMOLED	G6
广州	LGD	AMOLED	G8.5
	华星光电	AMOLED	G8.5
深圳	柔宇	AMOLED	G5.5

城市	公司	项目类型	世代
固安	维信诺	AMOLED	G6
合肥	维信诺	AMOLED	G6
苏州	维信诺	AMOLED	G5.5
上海	天马	AMOLED	G5.5
	和辉光电	AMOLED	G4.5/G6
厦门	天马	AMOLED	G6
惠州	信利	AMOLED	G4.5

来源：CINNO Research 全球五大新兴科技产业发展数据库

图2-15：中国大陆OLED显示面板产业列表

中国广州建设有一条产线。预计随着打印技术的成熟，高世代AMOLED工厂将会成为下一波建厂高峰。

硅基OLED凭借其出色的微显示效果，被大量运用在军事瞄准镜等市场，同时被认为是未来AR智能眼镜主流显示技术的有力竞争者，特别是在当前Micro-LED技术尚不成熟的时候，国内开始大规模建设硅基OLED产线。目前国内已建和在建的硅基OLED产线有合肥视涯、芜湖熙泰、昆山梦显、台州创王、淄博紫旸升、昆明京东方和云南奥雷德。

三、全球显示面板市场规模情况

2021年全球TFT-LCD显示面板市场规模达到高峰，数值约达972亿美元，其中，前三大主要应用市场分别为电视显示面板，其市场规模约为379亿美元，市场占比为39%；智能手机显示面板，其市场规模约为213亿美元，市场占比为22%；笔记本显示面板，其市场规模约为146亿美元，市场占比为15%。

根据CINNO Research统计数据，预计至2025年，全球TFT-LCD显示面板市场规模保持在716亿美元。同时，电视、车载工控与笔记本为前三大TFT-LCD面板应用市场，市场占比分别为39%、14%与12%。

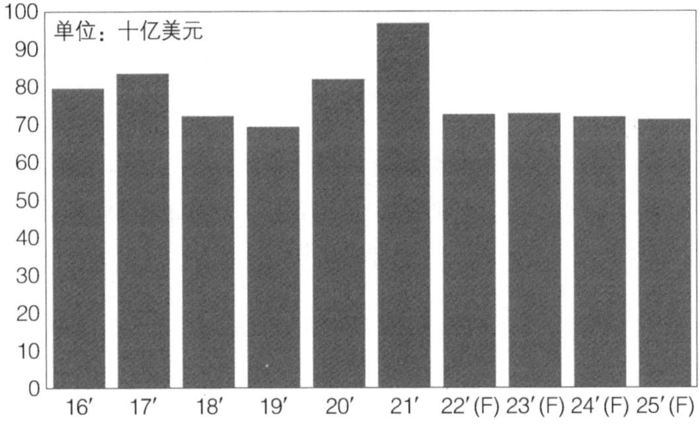

来源：CINNO Research全球显示面板产业数据库

图2-16：全球TFT-LCD显示面板市场规模趋势

2021年中国大陆TFT-LCD显示面板市场规模达到约495亿美元，其中，前三大主要应用市场分别为：电视显示面板，其市场规模约为248亿美元，市场占比为50%；智能手机显示面板，其市场规模约为114亿美元，市场占比为23%；笔记本显示面板，其市场规模约为59亿美元，市场占比为12%。

根据CINNO Research统计数据，预计至2025年，中国大陆TFT-LCD显示面板市场规模约在416亿美元。同时，电视、智能手机与笔记本仍为前三大TFT-LCD面板应用市场，市场占比

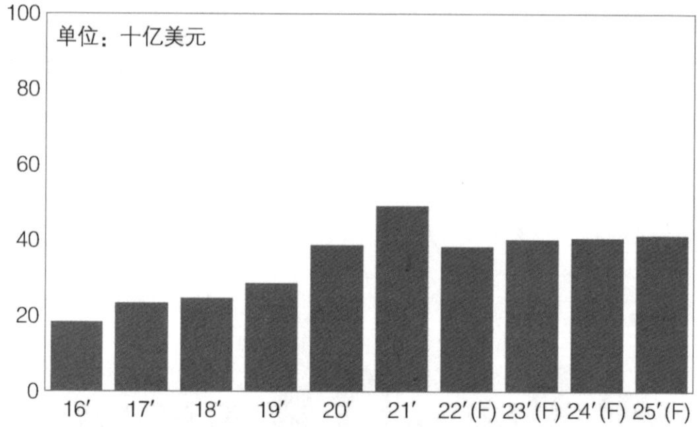

来源：CINNO Research 全球显示面板产业数据库

图 2－17：中国大陆 TFT－LCD 显示面板市场规模趋势

分别为 50%、15%与 11%。

2021 年全球 OLED 显示面板市场规模约为 411 亿美元，其中，前三大主要应用市场分别为：智能手机面板，其市场规模约为 329 亿美元，市场占比为 80%；电视显示面板，其市场规模约为 58 亿美元，市场占比为 14%；可穿戴显示面板，其市场规模约为 16 亿美元，市场占比为 4%。

根据 CINNO Research 统计数据，预计至 2025 年，全球 OLED 显示面板市场规模将增至 500 亿美元。同时，智能手机、电视与可穿戴为前三大 OLED 面板应用市场，市场占比分别为 82%、13%与 3%。

2021 年中国大陆 OLED 显示面板市场规模约为 51 亿美元，其中，前三大主要应用市场分别为：智能手机面板，其市场规模约为 34 亿美元，市场占比为 67%；电视显示面板，其市场规模约为 10 亿美元，市场占比为 20%；可穿戴显示面板，其市场规模约为 7

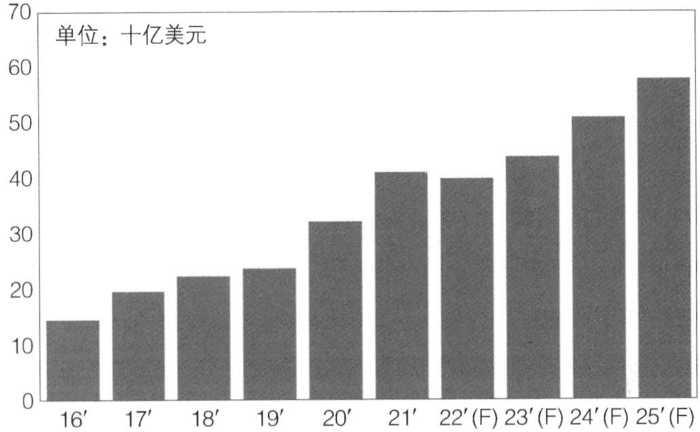

来源：CINNO Research 全球显示面板产业数据库

图 2－18：全球 OLED 显示面板市场规模趋势

亿美元，市场占比为 13%。

根据 CINNO Research 统计数据，预计至 2025 年，中国大陆 OLED 显示面板市场规模将增至 137 亿美元。同时，智能手机、电

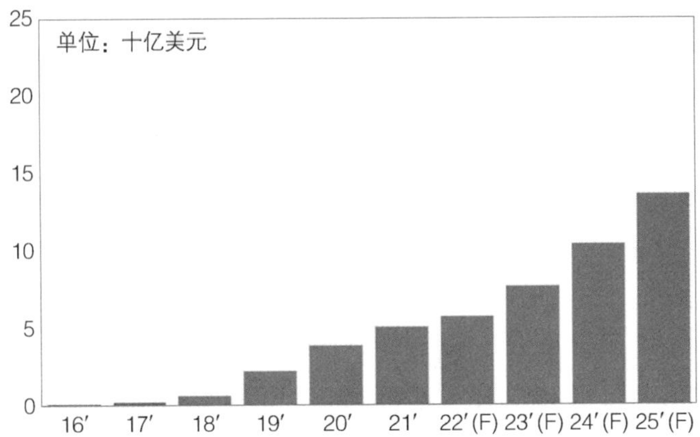

来源：CINNO Research 全球显示面板产业数据库

图 2－19：中国大陆 OLED 显示面板市场规模趋势

视与可穿戴为前三大OLED面板应用市场，市场占比分别为63%、31%与5%。

四、全球显示面板市场发展趋势

1. 全球显示面板技术总体对比

目前，全球主要的显示技术从发光原理可以分为自发光和非自发光，非自发光显示技术主要为TFT-LCD（薄膜晶体管液晶显示器），该类显示技术不能自主发光，需要借助环境光或者背光元器件提供光源。自发光技术则主要包括OLED有机显示、Micro-LED显示和QLED量子点显示。

TFT-LCD是最早进入大规模化生产的显示技术，也是现阶段最主流最成熟的平板显示技术。适用于从智能手机到电视的几乎所有应用，凭借出色的性价比和优良的显示效果，未来也将长期占据光电显示产业的主导地位。

OLED技术显示原理为有机发光材通过电流后可以产生特定波段可见光，目前OLED技术可以分为中小世代AMOLED和高世代AMOLED，主要差异在于制造技术方面。中小世代AMOLED使用蒸镀工艺生产，可以做柔性显示，主要应用市场为智能手机；高世代AMOLED分为白光AMOLED和打印AMOLED，前者依然使用蒸镀工艺，由于蒸镀材料利用率仅10%左右，因此成本较高，后者则使用最先进的打印技术，类似打印机原理一样将发光材料打印在玻璃上，材料利用率可以达到90%以上，目前该技术所用材料稳定性还在改善中，预计 2024 年可以开始量产商用，未来将逐步取代白光 AMOLED 技术。硅基 OLED 则是将显示器件直接做在半导体 CMOS 器件上，将显示和半导体工艺结合，可以制作显示细腻度非常高的微型显示器，适用于 AR 眼镜、瞄准镜显示等应用场景。

Micro－LED 是未来最热门的显示技术，相当于将现在的户外 LED 显示屏的 LED 灯珠做微缩处理，当其尺寸达到 10 μm 级别时，即相当于 Micro－LED。由于 LED 是无机显示，因此其发光效率、寿命、色彩饱和度、响应速度等多方面均要优于现在的 TFT－LCD 技术和 AMOLED 技术，唯其需要克服巨量转移的难题，目前尚未找到可以兼顾良率和效率的方法，依然在持续开发中，预计 2025 年后将逐步开始量产。

量子点有两种发光途径，一种为光致发光，即吸收某个波段的光后转换发出另外一个波段的光，现在常用在背光模组上以改善显示器的色饱和度。另一种为电致发光，发光原理和 OLED 类

表 2－3：全球主显示技术发展与性能对比

技术	非自发光	自发光		
	TFT－LCD	OLED	Micro－LED	QLED
技术概况	成熟量产	量产 快速发展阶段	研发阶段	早期研发阶段
应用场景	手机、平板、笔记本、显示器、车载工控、电视	AR/VR、穿戴、手机、平板、笔记本、电视	AR、穿戴、电视	电视

来源：CINNO Research 全球五大新兴科技产业发展数据库

似，只是将有机发光材变更为无机量子点材料，但是目前量子点材料一般都含镉等重金属，而无镉材料的稳定性较差，因此需要较长时间改善材料稳定性才具备量产性。

2. 全球显示面板发展历史①

回溯面板发展历程，呈现为“美国起源—日本发展—韩国超越—中国台湾地区崛起—中国大陆发力”的路径。目前美国和日本以及德国主要致力于行业上游原材料；而韩国、中国台湾地区和中国大陆则主要在行业中游面板制造环节谋求发展。随着中国大陆高世代线的相继投产，中国面板产能、技术水平稳步提升。

第一阶段——美国起源：

（1）液晶时代开启：1968 年由美国 RCA 公司利用液晶的“动态散射”效应制成世界上第一个液晶平板电视模型 DSM - LCD。

（2）液晶投资终止：20 世纪 70 年代前后，涉及过液晶显示技术的美国企业 RCA、罗克韦尔、西屋电气、摩托罗拉、AT&T、通用电气、施乐和惠普都由于项目投入大、风险高等原因放弃了平板显示技术的开发。

（3）掌握上下游关键领域：美国企业虽然放弃对 TFT - LCD 的投资量产，但如康宁公司（供应玻璃基板）、应用材料公司（供应化学气相沉积 CVD 设备）等公司供应上游关键原材料与设备，苹果公司和 IBM 公司（生产使用液晶显示屏的笔记本电脑）等公司也创造了大面积应用 LCD 屏的需求。虽然美国已没有面板产线，但上游玻璃基板供应商康宁公司全球市占率超 70%。

---

① 邵宽，面板行业：由“资本杀手”到价值创造，国联证券，2021 年 3 月 16 日

第二阶段——日本发展：

(1) 液晶技术引入：1972年初，日本夏普(SHARP)公司花费300万美元买下美国RCA公司的LCD技术，并在次年推出了第一款采用TN-LCD为显示面板的计算器，数月后美国RCA工厂关停。

(2) 辉煌时代开启：1991年到1996年，全球兴建了25条以上TFT液晶面板生产线，其中有21条建在日本。1990年，日本TFT液晶面板占据了全球市场90%的份额，到1994年这一数字上升至94%，美国仅占3%。全球第一条6代、8代、10代线均由夏普创造。

(3) 辉煌时代终结：2003年日本金融危机后夏普失去行业龙头地位，到2008年后夏普由于等离子显示技术投资失误、太阳能电池项目持续亏损、液晶10代线负担过重开始走下坡路一蹶不振；2016年夏普接受鸿海收购。

(4) 退出面板生产转向上游材料设备供应：目前日本仅剩夏普(鸿海)、JDI、松下产线，但日本平板制造上下游配套体系完整，在退出平板生产后转向上游，如旭硝子和电气硝子生产玻璃基板、尼康和佳能生产扫描式光刻机和步进式光刻机、NEC-安内华制造干刻机设备、日东电工做彩膜和偏光片等。

第三阶段——韩国超越：

(1) 获取液晶面板技术：1987年三星开始发展液晶业务。第一次衰退期(1993—1994年)中，以三星、LG、现代为代表的韩国企业雇用过剩的日本工程师，获得液晶显示相关的技术能力；三星在发展初期连续7年亏损，在1991—1994年间，平均每年亏损1亿美元。

(2) 逆周期投资产线：在1995—1996年的第二次衰退周期里，韩国企业继续大规模投资新产线。1997年亚洲金融危机发生后，全球面板市场陷入低谷，日本厂商虽然占据垄断地位，但大多面临亏损，但三星电子和 LG 采取反周期的投资战略，果断投入数十亿美元，建设大尺寸液晶面板生产线，凭借韩元贬值和生产规模扩大，三星到 1997 年末实现了扭转。

（3）超越日本：1998 年三星的液晶面板出货量跃居世界第一。1999 年，三星在全球液晶平板市场占据 18.8%的份额，名列第一，LG 为 16.2%，名列第二，同时超越了日本夏普；2001 年三星、LG 率先建设第 5 代生产线，推动了 TFT－LCD 进入电视领域，实现超越日本。

（4）转向 OLED/QLED 新技术：2019 年后，三星与 LG 放弃 LCD 路线并全面转型 OLED/QLED，韩国的液晶市场领先地位被中国超越。

第四阶段——中国台湾地区崛起：

（1）技术源于日本：20 世纪 80 年代初，夏普和爱普生先后在高雄和台中设厂。1997 年底亚洲金融危机导致液晶面板市场急剧收缩，日企将技术转让给中国台湾地区企业，一方面收取高额的技术转让费，另一方面也可以弥补日本在产能上的不足。

（2）中国台湾地区五虎崛起：1997 年第三次液晶产业衰退期，让中国台湾地区企业获得了进场机会。2003 年到 2004 年进入了产业黄金期，中国台湾地区厂商开始新建大批高世代线。2005 年以前，中国台湾地区面板厂商众多，近 10 家厂商共同角逐。后来产业不断整合重组，形成友达、奇美、华映、群创、瀚宇彩晶面板五虎局面。

（3）中国台湾地区的困境与现状：中国台湾地区的核心矛盾在于，中国台湾地区面板产业缺少上下游产业的支撑。在全球金融危机、液晶面板需求不振的背景下，索尼、三星、LG 等日韩企业在 2008 年 8 月取消了中国台湾地区面板的订单，中国台湾地区面板企业的生存空间受到严重挤压。2010 年随着大陆面板厂商的建设投资，中国台湾地区面板企业发展进入停滞。目前中国台湾地区仅剩友达、群创，8.5 代线仅剩 3 条。

第五阶段——中国大陆发力：

（1）摸索阶段：中国大陆在起步时主要通过技术引进方式摸索面板制造路径。截止到 2008 年，中国大陆进入 TFT 产业的主要企业有上广电（NEC 合资 5 代线）、BOE（韩国现代电子的 2.5、3、3.5 代线，自建亦庄 5 代线）和昆山龙腾（中国台湾地区合资 5 代线）。

（2）逆周期扩张，面板产能向中国大陆转移：BOE 与韩企一样采取逆周期投资，于 2009 年开始建设合肥 6 代线和北京亦庄 8.5 代线。此后，外企开始在大陆投资建设高世代线。2009 年 8 月，夏普宣布与南京熊猫集团成立合资公司进行“8 加 6”代线计划；韩国 LGD 投资 30 亿美元在广州建设 8 代线，10 月，三星电子宣布投资 22 亿美元在苏州建设一条 7.5 代线。2010 年，TCL 与深超投资（代表深圳市政府）联合成立深圳华星光电，投资 245 亿元在深圳建设一条 8.5 代线，这是继 BOE 后第二家自主建线的中国企业。而后一批国内企业开始投资建设 LCD 产线。

（3）中国大陆开始主导全球产能：梳理当前中国大陆 LCD 面板产能情况，2021 年占全球产能达 67%，根据 CINNO Research 数据预测，到 2025 年大陆 LCD 产能占比将达到 79%。

3. 全球显示面板产业发展特点

高清化、大尺寸化、低功耗是显示面板技术主要演变方向：全球主要消费电子显示面板中，穿戴产品主要向低功耗、低成本方向发展；手机产品主要向低功耗、可折叠方向发展；电脑产品主要向高刷新率和窄边框发展；电视产品主要向超高分辨率、高刷新率方向发展；车载产品主要向高信赖性、曲面方向发展。

未来显示技术除了需要满足当时的消费者需求、足够的性能优势、长时间验证的稳定性之外，还需要在产业化过程中，不断降低成本实现具有竞争力的价格，才有机会替代现有的主流显示技术。

政策、技术、资金共同推动面板产业发展：液晶面板产业为资金密集型、劳动密集型，并受到市场需求推动不断创新发展的产业。面板企业的发展需要资金、技术发展以及政策扶持投入三者的共同推动。以中国液晶面板市场为例，中国平板显示在地方政府的资金支持下，通过并购韩国现代的3代线，与日本NEC公司合资办厂等方式突破技术难关。同时，在政策方面，显示面板逐步成为国家重点扶持行业，国家发布多项政策支持面板行业的发展，政策、技术与资金三者将合力推动中国液晶面板持续发展。

高世代线不断打击低世代线：面板行业后进入者可以凭借高世代产线先进的技术工艺，快速赶超先进入者。高世代产线优势明显，主要包括面板每一世代产品之间的核心差异即其尺寸大小，高世代产线能够对低世代产线形成绝对优势。随着电视、电脑大屏的流行，高世代线能够生产出更大尺寸的玻璃基板，满足下游应用发展的需求。同时，高世代线能够兼容小尺寸面板生产，并基于更高的切割效率，可逐步替代低世代线的市场份额。

显示面板产业周期性减弱：面板行业遵守“王氏定律”，即“每三年，标准显示器件价格将下降 50%，若价格保持不变，显示产品性能每 36 个月须提升一倍以上，有效技术的保有量必须提升两倍以上”。因此产品的不断迭代升级使得面板行业长期保持激烈竞争，后进入者凭借先进的设备与工艺可以快速赶超先进入者，而随着追赶的不断加剧，资本开支不断增长，新投资者带来的产能也不断扩大，从而造成供大于求，价格下跌，停止扩产。而在价格下跌后，下游需求增长使得应用范围扩大，当需求快速增长超过供给时，价格上涨又会吸引新一轮的产能投资，增强产品的迭代升级。因此，面板周期的形成是需求变动影响资本开支变化从而影响供给所导致。目前，LCD 行业已进入成熟期，在液晶显示的高投入、高技术壁垒下，厂商新建产线的意愿降低，供给端竞争格局大幅改善。随着行业供需格局的改善，面板价格的周期性将逐渐减弱，面板价格的上涨有望显著改善面板厂商的盈利能力。

LCD 仍是主流，Mini－LED 与 LCD 的组合可以扩大现存液晶显示产品的生命周期：自 2019 年以来，京东方、TCL、群创、友达等均已推出 Mini－LED 各类应用样机，投入小规模量产，包括自 27—75 英寸 Mini－LED 背光显示屏、电视以及电竞笔电面板等，而苹果、三星、LGD 也在积极参与投资 Mini－LED 生产制造项目。从产业链上中下游厂商的布局来看，Mini－LED 已成功具备技术、产能、良率等条件，即将进入发展快车道。未来，Mini－LED 与 LCD 的组合可以扩大现存液晶显示产品的生命周期，并强化面板厂商的差异化议价能力，预计从 2021 年起 Mini－LED 背光液晶显示屏有望在中高端笔记本、电竞显示器与大尺寸电视类产品上大规模放量。

五、新兴显示面板应用场景

1. 车载显示面板

2022 年全球以及中国大陆新能源汽车出现爆发式增长，根据 CINNO Research 统计数据，2022 年上半年中国市场新能源乘用车批发销量同比增长 128%至大约 246 万辆，渗透率高达 24.2%，同比提升 13 个百分点，同时，全球新能源汽车渗透率接近 10.7%，同比增长 4.4 个百分点。与此同时，汽车电动化、网联化、智能化的发展趋势愈发明确，车载显示面板也朝着多屏化、大屏化、智能化以及显示技术多元化的方向不断前进，车载显示市场进入快速发展的时期。

在汽车智能化的初期，大尺寸中控液晶屏率先替代传统中控，全液晶仪表逐步替代传统仪表，中控屏与仪表盘一体化设计的方案逐步出现。目前，大尺寸显示面板、多联屏显示面板等纷纷涌现，随着高级别自动驾驶的逐步应用，芯片和算法等性能增加，座舱显示产品将进一步升级，一芯多屏、多屏互融、立体式虚拟呈现等技术将不断普及。在此背景下，各大面板厂纷纷加码车载显示相关领域的投入，在稳定与扩大市场份额的同时，也不断追求生产高附加值产品，并不断加深与主机厂的交流合作。

与此同时，进入高速发展时期的车载显示面板市场将为全球显示面板产业带来新的发展动力，根据 CINNO Research 统计数据，2016 年全球车载显示面板出货面积约为 140 万平方米，2022 年该出货面积增至约 330 万平方米，预计 2025 年该出货面积将增至约

440 万平方米，2016—2025 年间平均复合增长率约为 13.6%，大幅度地超过全球液晶显示面板出货面积的平均复合增长率。

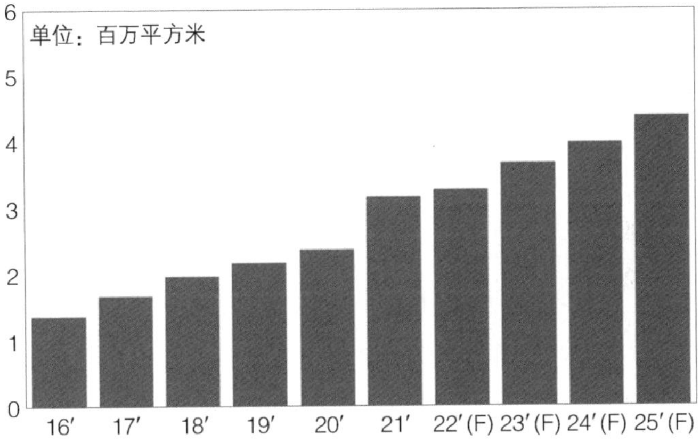

来源：CINNO Research 全球显示面板产业数据库

图 2－20：全球车载显示面板市场出货面积趋势

在车载显示面板应用技术方面，较为明确的发展趋势是，LTPS LCD 车载显示面板成为 a－Si LCD 车载产品的下一代升级。目前，OLED 显示技术在车载显示屏应用领域的渗透率仍较低，LCD 显示技术仍为车载显示屏的主流方案。而较为新兴的显示技术基本仍在加速开发中，比如：Mini－LED 显示技术尚处在开发、推广中，目前已有多个品牌车型开始搭载 Mini－LED 显示屏；Micro－LED 显示技术以其透明、曲面异形、高亮度、低功耗等优势在车载显示屏中开始得到推广，近几年或有机会量产。

2. AR/VR 显示面板

近十年间，全球互联网用户维持高增长，互联网的高速发展构成虚实交互时代的基石。如今，互联网已经深入大众生活并且成为人们的日常生活习惯。在此背景下，人们对于虚拟数字世界的认同感和依赖性不断增强，这为虚实交互时代的到来做好了铺垫。但是互联网和社交平台无法真正意义上实现虚拟和现实世界的完全融合，同时手机或电脑等电子设备只能为用户提供单一的音视觉交互，无法为用户带来沉浸感。而AR/VR则从技术上解决了虚拟现实世界的交互问题：AR是增强现实，即在真实环境中增添或者移除由计算机实时生成的可以交互的虚拟物体或信息；VR是虚拟现实，即创造可以让用户沉浸其中的由计算机生成的3D虚拟环境。AR/VR作为通往虚拟世界的入口，可以为用户塑造近似真实的交互，提供深度体验感。①

20世纪70年代之前，AR/VR仍处于萌芽和探索阶段，20世纪70年代到21世纪初，AR/VR的发展多限于美国科技研究，2012年后，消费级AR/VR逐步进入大众的视野。在消费领域中，AR/VR将广泛应用于教育、游戏以及视频娱乐等等，比如：在教育方面，AR/VR可以将静态的文字、图片读物立体化；在游戏方面，AR/VR可以让位于不同地点的玩家，结合GPS和陀螺仪，以真实世界为游戏背景，加入虚拟元素，使游戏虚实结合；在视频娱乐方面，AR/VR通过增强现实技术可以在转播体育比赛的时候实时将辅助信息叠加到转播画面中，使观众可以得到更多的信息。

2021年，全球AR/VR头显出货量呈现爆发式增长，同时，由于AR/VR硬件在整个产业链中存在先发的规模优势，所以在初

① ARVR系列：展望虚实交互时代硬件形态，中金点睛，2021年9月17日

期能够迅速打开市场，参照智能终端市场结构的动态演变，AR/VR在数据、消费、娱乐等细分领域的占比会逐渐加大，因此，预计未来AR/VR的渗透率将不断提升。[①]

与此同时，AR/VR应用市场的不断成熟与扩大将进一步推动全球显示面板市场发展，根据CINNO Research统计数据，2016年全球AR/VR显示面板出货面积约为2.1万平方米，2022年该出货面积将增至约12.5万平方米，预计2025年该出货面积将增至约22.0万平方米，2016—2025年间平均复合增长率约为29.7%，远超过全球液晶显示面板出货面积的平均复合增长率。

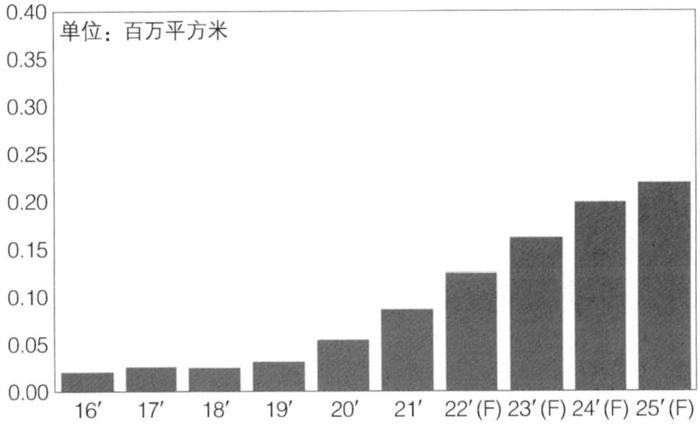

来源：CINNO Research 全球显示面板产业数据库

图2-21：全球AR/VR显示面板市场出货面积趋势

在AR/VR显示技术方面，早期大部分采用的是LCOS显示技术。这一技术路径的优点是产品十分成熟，最主要的缺点是功

① AR、VR等近眼显示芯片的技术路径和发展趋势，启辰资本，2022年7月13日

耗大、尺寸大、散热不匀、分辨率低等。从 2021 年开始，基于白光加彩膜的 OLED 微显示芯片（简称 W OLED）开始被主流终端设备厂商采用，该技术基本上可以满足 AR/VR 的亮度和功耗需求。

与此同时，国内有少数 AR/VR 开发商开始采用基于特殊发光衬底材料的 Micro－LED 微显示芯片。相较于 W OLED 技术，Micro－LED 具有亮度高和寿命长的优势，但是 Micro－LED 微显示芯片只能实现单色发光。

2022 年 5 月，日本显示发布了基于半导体光刻的全新 OLED 技术路径 eLEAP，与 W OLED 相比，eLEAP 技术生产的 OLED 显示器的开口率（透光区域与全部区域的比例）可以达到 60%，而现有的 W OLED 产品的开口率约为 28%。目前，Micro－LED、W OLED 等技术均采用硅基，成本较高且不能做到透明。未来，AR/VR 显示技术仍需一定的技术突破与工艺优化。①

六、显示面板对偏光片市场发展的影响

全球偏光片产业链主要分为上游——光学材料供应商，中游——偏光片产品，下游——显示模组厂商及各类终端产品生产厂商。其中，上游原材料市场行业集中度最高，以日本厂商为主。下游终端应用市场与品牌厂商较为分散，涉及电视、桌面显示器、笔记本、手机、车载显示、可穿戴等多个应用领域。

① AR、VR 等近眼显示芯片的技术路径和发展趋势，启辰资本，2022 年 7 月 13 日

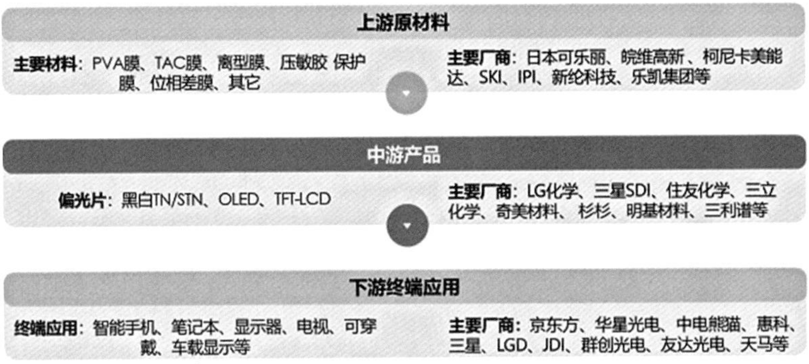

来源：CINNO Research 全球五大新兴科技产业发展数据库

图 2－22：全球偏光片产业链示意图

显示面板作为偏光片的下游产业，对其发展有着重要的影响。

首先从显示面板的技术发展对偏光片的影响来看，偏光片的研发需要跟上显示面板技术开发的步伐。除了产品研发以外，因为不同的显示面板技术使用偏光片的原理不同，所以对偏光片的用量也不同。例如 TFT－LCD 使用两张偏光片，而 AMOLED 使用一张偏光片。AMOLED 屏幕需要采用偏光片来用于降低光反射，其附着在面板上，充当过滤和调节从外部进入的光线的过滤器作用。虽然偏光片不是 AMOLED 对抗外界光的唯一方案，但是在过去几年里面，AMOLED 终端应用产品中采用偏光片方案仍是主流，而且偏光片方案下的 AMOLED 屏幕厚度仍然要比 TFT－LCD 屏幕要薄。因此，AMOLED 市场渗透率的提升不会对偏光片市场带来较大负面影响。

其次从显示面板对供应链的影响来看，偏光片作为显示面板的关键上游材料之一，其市场推动力主要来自下游显示面板产业。数字化时代中显示无处不在，随着大数据、云计算、物联网等新技术市场渗透率不断提升，显示面板作为人机交互与接收信息的重要窗口之一，其应用场景呈现多元化、使用功能呈现融合化、终端产品呈现智能化，显示面板产业的不断升级将推动偏光片产业进一步发展。近年来，在产业政策支持下，大陆面板厂商发展迅速，中游面板厂商如京东方、TCL 华星快速赶超海外厂商，成为全球面板龙头。大陆面板厂商快速成长也为大陆面板产业链整体发展博得发展空间，上游材料国产替代需求强烈，推动材料厂商技术与研发能力不断提升。且相较于海外厂商的高成本，国产面板材料厂商在人力成本、物料成本以及运输成本方面均具备优势，盈利能力出色。预计在国家政策的支持以及国产面板龙头的带动下，偏光片国产面板产业链将长期受益，未来几年将迎来黄金发展期。

同时，OLED 为可发彩色光的发光二极管，一般 OLED 屏幕需要采用偏光片来降低光反射，其附着在面板上，充当过滤和调节从外部进入的光线的过滤器。面板加上了偏光片，首先本质会使发光效率降低，使屏幕亮度在同等功耗下有所降低。其次偏光片的厚度在 50 μm—100 μm 的水平，需要粘着剂，这也增加了厚度。可以看到在目前的 OLED 屏幕结构中，偏光片占据了一半的厚度，令整个 OLED 厚度增加不少。但是在过去几年里面，OLED 终端应用产品中采用偏光片方案仍是主流，而且偏光片方案下的 OLED 屏幕厚度仍然要比 LCD 屏幕要薄。因此，OLED 市场渗透率的提升不会对偏光片市场带来较大负面影响。

第三章

产业篇

一、全球显示偏光片发展现状分析

1. 全球显示偏光片需求量趋势

2021 年受疫情的持续影响，人们越来越多地接受居家办公等行为方式，这些因素的刺激使消费电子领域需求增加，带动了显示器领域需求的增加，从而也带动了对偏光片需求的增加，2021 年全球整体偏光片市场仍处于供不应求的状态。2021 年第一季度，偏光片价格普遍涨价约 10%，第二季度价格与第一季度价格基本持平，进入 2021 年下半年，随着全球疫情状况的不断好转，复工复产也不断推进，全球整体偏光片市场的供不应求状况较 2021 年上半年有所缓解，偏光片价格基本保持稳中有降，略降 2%左右。

根据 CINNO Research 的统计数据显示，2021 年全球显示偏光片市场需求量约为 6.08 亿平方米，较 2020 年度增加约 2,450 万平方米，同比增幅约为 4%。其中 LCD 用偏光片需求量约为 5.8 亿平方米，约占显示偏光片整体需求量的 95%，较 2020 年度增加约 1,300 万平方米，同比增幅约为 2%；OLED 用偏光片需求量约为 2,850 万平方米，约占显示偏光片整体需求量的 5%，较 2020 年度增加约 1,100 万平方米，同比增幅约为 64%。

由此可见，目前 LCD 用偏光片仍然占据显示用偏光片需求量的绝对多数，OLED 用偏光片占据显示用偏光片需求面积的比例不足 5%，LCD 偏光片是主流市场。同时，我们从增长幅度来看，OLED 用偏光片需求量的年增长幅度大于 LCD 用偏光片市场规模的年增长幅度。

另外，根据 CINNO Research 的预测数据显示，2022 年全球显示偏光片整体市场需求减弱，下降到 5.9 亿平方米，其中 TFT－LCD 显示偏光片 5.67 亿平方米，同比下降 2%；OLED 显示偏光片 0.25 亿平方米，同比下降 13.6%。2025 年全球显示偏光片市场经过逐步恢复后，需求量约达 6 亿平方米，较 2022 年度增加约 1,000 万平方米，增长幅度约为 1.8%。2025 年全球 TFT－LCD 显示偏光片需求约为 5.7 亿平方米，约占显示偏光片整体需求面积的 95%；全球 OLED 显示偏光片需求约为 0.3 亿平方米，约占显示偏光片整体需求面积的 5%。

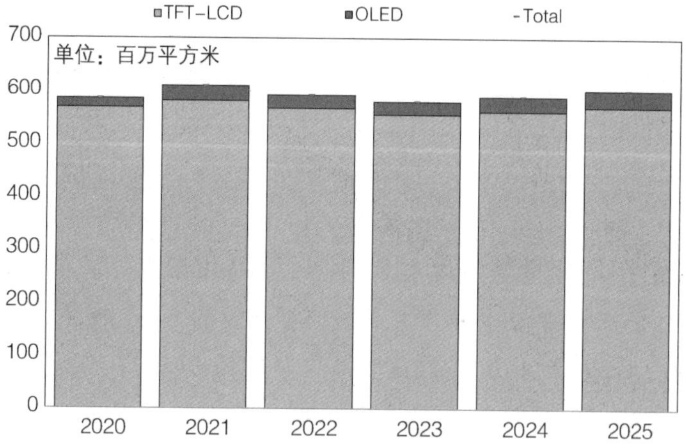

来源：CINNO Research 全球显示偏光片产业数据库

图 3－1：2020—2025 年全球显示偏光片产业市场规模

由此可见，在至2025年的未来几年间，虽然全球LCD用偏光片需求量占偏光片整体市场规模的比重将由2022年的约97%下降至2025年的约95%，下降约2个百分点，但仍然是主流产品；与此同时，全球OLED用偏光片需求量占偏光片整体市场规模的比重将由2020年的约3%上升至2025年的约5%，占比提升近一倍，OLED用偏光片需求量的绝对增量不仅将高于LCD用偏光片需求量的绝对增量，其增速也将高于整体显示偏光片市场的增速和LCD用偏光片市场的增速。这也就意味着全球LCD用偏光片仍保持主流产品的地位但需求增长在趋于平缓，OLED用偏光片需求将呈现快速增长，成为未来偏光片需求的增长亮点。

2. 全球显示偏光片市场规模情况

根据CINNO Research的统计数据显示，从销售金额来看，2021年全球显示偏光片市场规模约为102亿美元，较2020年度增加约6亿美元，同比增幅约为6%。

2021年度全球显示偏光片销售相较2020年度呈现量价齐升的态势，且销售金额的增幅大于销量的增幅，2021年度偏光片整体的销售单价较2020年度增长约4.5%。由此可见，目前LCD用偏光片的销售面积规模仍然占据显示用偏光片销售面积规模的绝大多数，居主流地位。与此同时，OLED用偏光片的销售面积规模占据显示用偏光片销售面积规模的比例不足5%，但从增长幅度来看，OLED用偏光片销售面积规模的年增长幅度远远大于LCD用偏光片销售面积规模的年增长幅度。

根据CINNO Research的预测数据显示，受俄乌冲突、通货膨胀等因素的影响，2022年全球显示行业需求呈现出下降趋势，叠

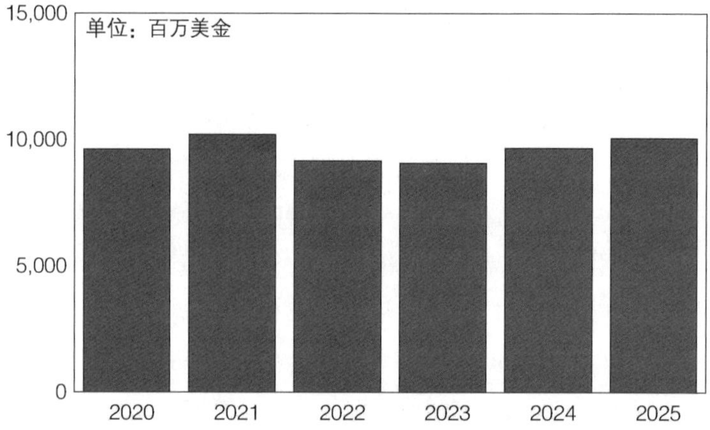

来源：CINNO Research 全球显示偏光片产业数据库

图 3－2：2020—2025 年全球显示偏光片产业市场规模

加因新冠疫情导致国际物流不畅，致使显示面板生产企业库存高企，全球显示偏光片市场规模降低到 90 亿美元的水准。不过，随着美欧央行纷纷加息，有助于全球通货膨胀的缓解，疫情的逐渐好转也有助于国际物流的通畅，预计年底至来年行业或能探底回升。根据 CINNO Research 的预测数据显示，2025 年全球显示偏光片市场规模约为 101 亿美元，将逐步恢复到 2021 年水平。

3. 全球显示偏光片产业应用市场分析

从更具体的显示偏光片在下游应用的分布来看，根据 CINNO Research 的统计数据显示，2021 年 LCD 电视用偏光片是第一大应用，占据偏光片用量的 67%。且根据 CINNO Research 的对历史数据的观测及对未来应用的预测，2015—2025 年间，LCD 电视用偏光片的面积使用量占比虽然从 75%下降到 63%，但依旧是第

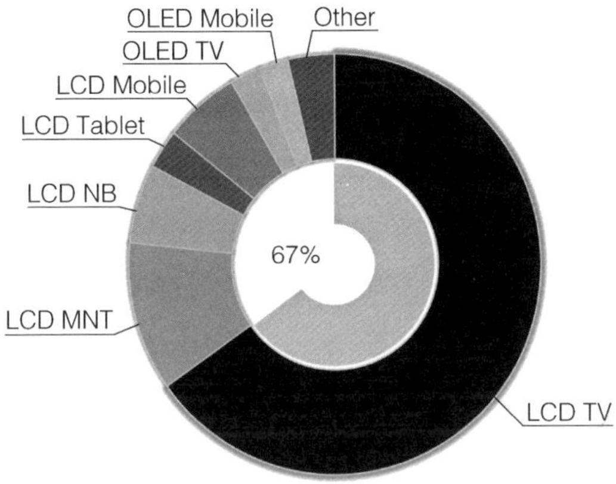

来源：CINNO Research 全球显示偏光片产业数据库

图 3－3：2021 年显示偏光片各应用领域面积使用量占比情况

一应用。

2021 年电视用偏光片销售面积规模约为 4.1 亿平方米，约占偏光片整体销售面积规模的 67%，较 2020 年度增加约 740 万平方米，同比增幅约为 1.8%，是偏光片应用市场的绝对主力。其中 LCD 电视用偏光片销售面积规模约为 3.9 亿平方米，约占偏光片整体销售面积规模的 65%，较 2020 年度增加约 100 万平方米，同比增幅约为 0.3%；OLED 电视用偏光片销售面积规模约为 1,400 万平方米，约占偏光片整体销售面积规模的 2.3%，较 2020 年度增加约 640 万平方米，同比增幅约为 84%。

桌面显示器用偏光片销售面积规模约为 6,800 万平方米，约占偏光片整体销售面积规模的 11.45%，较 2020 年度增加约 490 万平方米，同比增幅约为 7.7%。

笔记本电脑用偏光片销售面积规模约为 3,700 万平方米，约占偏光片整体销售面积规模的 6.1%，较 2020 年度增加约 670 万平方米，同比增幅约为 22.3%。其中 LCD 笔记本电脑用偏光片销售面积规模约为 3,600 万平方米，约占偏光片整体销售面积规模的 6%，较 2020 年度增加约 620 万平方米，同比增幅约为 20.7%；OLED 笔记本电脑用偏光片销售面积规模约为 60 万平方米，约占偏光片整体销售面积规模的 0.1%，较 2020 年度增加约 50 万平方米，同比增幅约为 6 倍。

平板电脑用偏光片销售面积规模约为 1,750 万平方米，约占偏光片整体销售面积规模的 2.9%，较 2020 年度减少约 10 万平方米，同比降幅约为 0.7%。其中 LCD 平板电脑用偏光片销售面积规模约为 1,700 万平方米，约占偏光片整体销售面积规模的 2.8%，较 2020 年度减少约 10 万平方米，同比降幅约为 0.6%；OLED 平板电脑用偏光片销售面积规模约为 30 万平方米，约占偏光片整体销售面积规模的 0.04%，较 2020 年度增加约 1 万平方米，同比增幅约为 6%。

智能手机用偏光片销售面积规模约为 4,400 万平方米，约占偏光片整体销售面积规模的 7.3%，较 2020 年度增加约 250 万平方米，同比增幅约为 6%。其中 LCD 手机用偏光片销售面积规模约为 3,100 万平方米，约占偏光片整体销售面积规模的 5.2%，较 2020 年度减少约 100 万平方米，同比降幅约为 3.9%；OLED 手机用偏光片销售面积规模约为 1,300 万平方米，约占偏光片整体销售面积规模的 2.1%，较 2020 年度增加约 380 万平方米，同比增幅约为 41.6%。

其他用偏光片销售面积规模约为 3,300 万平方米，约占偏光片整体销售面积规模的 5%，较 2020 年度增加约 280 万平方米，同比增幅约为 9.3%。

由此可见，从销售面积的绝对量来看，由于电视屏幕面积相对其他几种类型显示屏较大，位居销售面积榜首的是电视用偏光片，其销售面积占据偏光片整体销售面积的三分之二多，其中 LCD 电视用偏光片的销售面积占比超过 65%，是偏光片产品中的绝对主力，然后分别是桌面显示器用偏光片、手机用偏光片、笔记本电脑用偏光片、其他用偏光片和平板电脑用偏光片。但从销售面积的同比增速来看，受新冠疫情导致居家办公情况增多的影响，对办公用笔记本电脑等电子产品的需求较疫情前大幅增长，同时也拉动了笔记本电脑用偏光片的需求，位居销售面积同比增速榜首的便是笔记本电脑用偏光片，较 2020 年同比增长约 22.3%，然后分别是其他用偏光片（主要增幅在车载偏光片）、桌面显示器用偏光片、手机用偏光片（主要增幅在手机用 OLED 偏光片）、电视用偏光片和平板电脑用偏光片，它们分别较 2020 年同比增长约 9.3%、7.7%、6%、1.8%、0.7%。

4. 全球显示偏光片产业新兴显示应用市场分析

4.1 车载显示用偏光片市场

汽车电动化、网联化、智能化的发展趋势使得车载显示面板也朝着多屏化、大屏化、智能化以及显示技术多元化的方向发展，车载显示市场进入快速发展时期，车载显示偏光片市场也迎来快速发展的机会。

车载显示偏光片出货面积虽然占整体显示偏光片的份额不大，但具有需求成长快、产品单价高的特点。根据 CINNO Research 调查研究的结果，2020 年车载显示器用偏光片销售面积规模约为 567 万平方米，在整体偏光片需求中占比约 1%；至 2025

年销售面积将增加到 995 万平方米，在整体偏光片需求中占比约 1.5%。2020—2025 年间平均复合增长率约为 10%，是显示偏光片的各应用领域中增长较快的应用。

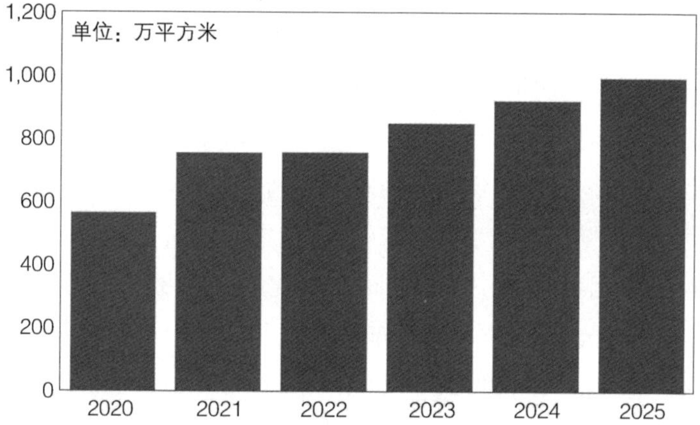

来源：CINNO Research 全球显示偏光片产业数据库

图 3-4：2020—2025 年全球车载显示偏光片产业市场规模

由于车载显示器在高温及低温等苛刻环境下需要很强的耐久性，因此车载显示偏光片作为车载显示屏幕的重要组成部分，具有高耐久性、形状复杂、定制化生产等特点。通常车载显示偏光片需要满足低反射、高温高湿（95%RH，95℃×1,000H，甚至 95%RH，105℃×500H），这样的高耐久性要求决定了车载显示偏光片的技术门槛比较高，存在着相应的技术壁垒，目前主要由日韩偏光片厂家供应该市场。国内偏光片厂家要进入车载显示领域，进行车载显示偏光片的开发，需要较大的耐心和较多的资金投入。且由于在这种严苛情况下对于基础材料的使用、工艺改造，甚至对于试验条件，都要在材料层面重点钻研。

4.2　AR/VR 显示用偏光片市场

2021 年，全球 AR/VR 头显出货量呈现爆发式增长，AR/VR 显示偏光片市场也进入了发展快车道。

AR/VR 显示偏光片出货面积虽然占整体显示偏光片的份额不大，但呈现爆发增长的趋势。根据 CINNO Research 调查研究的结果，2020 年 AR/VR 显示器用偏光片销售面积规模约为 15 万平方米，在整体偏光片需求中占比约 0.03%；至 2025 年销售面积增加到 55 万平方米，在整体偏光片需求中占比约 0.1%。2020—2025 年间平均复合增长率约为 24%，是显示偏光片的各应用领域中增长较快的应用。

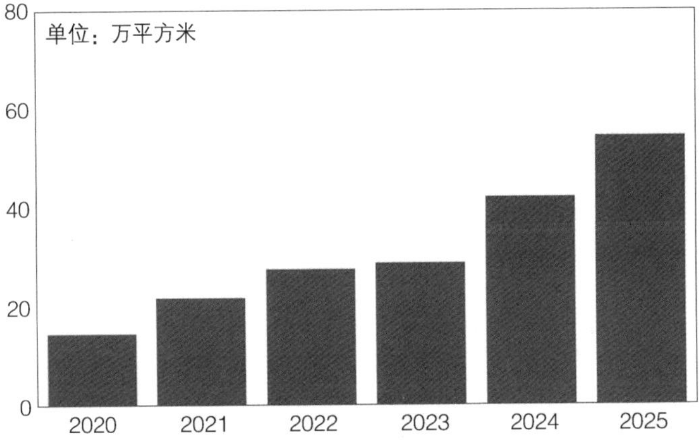

来源：CINNO Research 全球显示偏光片产业数据库

图 3-5：2020—2025 年全球 AR/VR 显示偏光片产业市场规模

在 AR/VR 的众多方案中，Meta、Pico、华为、Sony、创维等大厂将 Pancake 方案定下一代产品方案。Pancake 方案可实现 VR 眼镜重量和体积上的改善。Pancake 方案目前主要由力特供应光路模组，模组由多层膜贴合而成，包括偏光片、反射偏振片 PBS、半反射透镜 BS、1/4λ 波片 QWP。截至 2022 年 11 月，国内厂家三利谱已完成产品研发，将于 2023 年实现量产；盛波光电及杉金光电正在研发中，据悉，杉金光电 VR 产品将于 2023 年第一季度量产。

5. 全球显示偏光片产能分析

2021 年全球整体偏光片市场仍处于供不应求的状态，根据 CINNO Research 的统计数据显示，2021 年总产能约为 8.1 亿万平方米，较 2020 年度增加约 0.7 亿平方米，同比增幅约为 9%，其中偏光片产能位列前三的企业分别是日东电工、杉金光电和住友化学，其产能占比分别为 22%、19%和 18%。日东电工由于产品策略为高附加值产品，所以产品以高端电视、中小型、OLED 为主，稼动率不高。所以 2021 年偏光片整体出货面积约为 6 亿平方米，较 2020 年增加约 2,500 万平方米，同比增幅约为 4%，位列前三的企业分别为住友化学、杉金光电和三星 SDI，尽管 2021 年全球偏光片供给侧无论增量还是增幅均大于需求侧的增量与增幅，但当年仍存在约 2.05%的供给缺口。

展望未来，一方面，日韩企业逐渐削减了一部分偏光片产能；另一方面，以中国第一大偏光片生产商杉金光电为首的中国偏光片生产企业在扩大产能。根据 CINNO Research 的预测数据显示，至 2025 年全球显示偏光片总产能约为 12.1 亿平方米，较 2021 年度增加约 4 亿平方米，总增长幅度约为 49%，5 年间年均复合增长率约为 8%。到 2025 年预计偏光片产能位列前三的企业将分别是杉金光电、恒美光电和日东电工，预测其产量占比将分别为

30%、15%和15%,杉金光电将成为全球第一大偏光片生产厂商。由此可见,中国企业的偏光片生产线不断投产,对偏光片供给面形成较强支撑,供需平衡将向供大于求倾斜,未来的产量将足以弥补日韩企业减产的缺口。

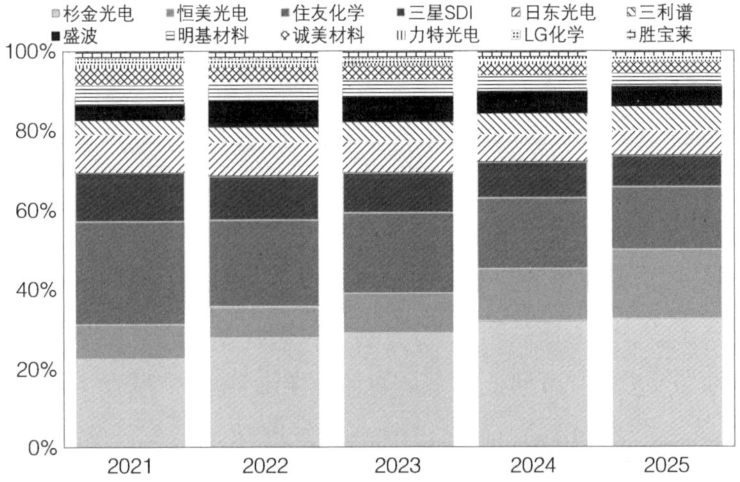

来源:CINNO Research 全球显示偏光片产业数据库

图3-6:2021—2025年全球显示偏光片厂商产量占比

另外,根据CINNO Research的测算数据显示,至2025年偏光片整体产量约为8.3亿平方米,较2021年增加约2.5亿万平方米,总增长幅度约为40.74%,4年间年均复合增长率约为8.92%,整体需求约为6亿9,595万平方米,较2021年增加约9,000万平方米,总增长幅度约为14.85%,4年间年均复合增长率约为3.52%。由此可见,尽管2021年全球偏光片供需存在约2.05%的供给缺口,但至2025年,中国偏光片企业的新增偏光片产能陆续投产,对偏光片供给面形成较强支撑,供需平衡将向供大于求倾斜。

二、偏光片行业技术特性及难点

1. 偏光片行业技术特性

随着显示技术的发展，消费者对终端显示产品的要求也越来越高，产品趋势是高清晰度、高对比度、高亮度等。显示偏光片是显象系统中的一个重要部件，为了达到高水准的品质，其产品在配方设计、结构设计等方面有着非常严格的要求。

而且，偏光片行业对从业者要求很高，需要同时具备材料学、高分子学、光学、液晶物理学、自动化控制等学科的理论基础及综合运用能力。只有储备了丰富的学科理论基础，并储备丰富的设计、生产经验，才能应对客户的个性化需求，并完成配方调整、产线调整、客户认证等环节。

所以，偏光片产业是将材料学、高分子学、光学、液晶物理学、自动化控制等学科与工程技术高度集成的产业，其技术水平是高新技术范畴。

2. 大尺寸 LCD 偏光片技术难点

2.1 超宽幅产线生产能力

超大尺寸彩电的出现，增加了对超大型偏光片的需求。

从 2022 年举办的 CES 参展新款电视产品可见彩电大屏化进程正在加速推进，例如索尼 75 英寸、85 英寸 Mini - LED 背光电视，海信全球首台 120 英寸激光电视，三星的 89、101、110 英寸

Micro－LED电视，LG的136英寸4K HDR Micro－LED电视，TCL全球首台98英寸超大屏QD Mini－LED电视等新品。

65英寸以上的液晶电视呈现增长的趋势。以65英寸面板为例：需求量将从2021年的3,200万平方米，增长到2025年的5,900万平方米，增长率达82%。

可见，在大尺寸偏光片生产过程中，确保产线宽幅尤为重要，宽幅影响着产品的最佳裁切尺寸和生产效率，以及成本竞争力。生产大尺寸面板切割效率高的超宽幅生产线（指宽幅大于2 m的产线）目前仍然不普遍，只有少数几家厂商有能力开发并有效使用相关技术。对于98英寸、105英寸的偏光片，需要在2,500 mm宽幅的产线上生产；对于110英寸及以上的偏光片，则需在2,600 mm宽幅的产线上生产。其中，128英寸面板用偏光片需要在2,600 mm宽幅的产线生产。

表3－1：偏光片产线与可生产最大偏光片尺寸对应表

长宽比	1,900 mm—2,000 mm	2,200 mm—2,300 mm	2,500 mm—2,600 mm
16∶9	89寸	99寸	112寸
16∶14	104寸	115寸	128寸
4∶3	97寸	108寸	122寸

来源：CINNO Research全球显示偏光片产业数据库

而就这点而言，杉金光电是全球超宽幅偏光片生产线方面的领头厂商，在超宽幅产线（指宽幅大于2 m的产线）领域，考虑未来的规划，到2025年，杉金光电将拥有最多的超宽幅产线数量，达7条；其次为恒美光电，为4条；再其次为住友化学，拥有2条超宽幅产线。

表 3-2：主要厂商宽幅别产线数量（2025 年预测基准）

	≤1.3 m	1.5 m	2—2.3 m	≥2.5 m
日东电工	9	6	1	0
住友化学	4	5	2	0
三星 SDI	1	2	1	0
杉金光电	0	5	6	1
恒美光电	0	1	1	3
盛波光电	0	2	0	1
合计	14	21	11	5

来源：CINNO Research 全球显示偏光片产业数据库

2.2 良品率控制能力

显示器产品正向着 4K/8K 超高清、大尺寸化方向发展。在大尺寸领域，良率的控制和异物管控精度显得尤为重要。大尺寸偏光片的主要不良类型有：划伤、压痕、压印、气泡、异物等。在大尺寸和超高清的显示要求下，需要偏光片厂商具备更加严格的异物管控能力。

异物的管控主要涉及对异物的数量和尺寸的管控，对液态原料的洁净度、生产环境的管控等方面。同时，确保多元化的不良检出方式和自动检查技术也是一大难点。

2.3 RTP 裁切技术

RTP(Roll to Panel)，是在大尺寸化的趋势下，越来越受欢迎的一种后段产线生产方式，65 英寸以上的偏光片在搬运、运输上是非常不方便的，且由于产品面积大，容易造成划伤、压印等不良损伤。RTP 生产方式，将传统的偏光片后段生产线转移到面板厂内，RTP 设备与面板厂的偏光片贴附产线相连，实现了卷对卷的生产方式。

传统的生产方式，即偏光片卷对卷的生产方式，是将贴附好离型膜和保护膜的偏光片卷材，在偏光片工厂内裁切、磨边、检查、包装后，出货给面板厂。而 RTP 生产方式是将偏光片卷材出货到面板厂，对偏光片卷材进行切割后，直接贴附在面板上，全程在洁净的室内，由设备自动化完成。采用这种方式可以节省运输和包装成本，并通过设备自动化，提高生产效率，降低人力成本，确保生产的洁净室环境，提升产品良品率。

RTP 产线一般由偏光片厂商投资，架设以后多数用于本厂商的产品的生产。RTP 产线也有利于偏光片厂商与面板厂商形成长期稳定的合作关系。

表 3－3：中国大陆 RTP 产线数量(2023 年搬入基准)

厂商	杉金光电	恒美光电	三星 SDI	住友化学	日东电工	盛波光电	三利谱
产线数	29	11	6	6	4	2	2

来源：CINNO Research 全球显示偏光片产业数据库

3. 小尺寸 LCD 偏光片技术难点

3.1　超薄 PVA 拉伸技术

大型 LCD 显示器对厚度要求相对较低，但是小型产品对超薄产品的需求趋势日益显著。就 PVA 而言，大尺寸 LCD 显示偏光片的 PVA 一般在 60 μm，而小尺寸 PVA 主流已经在 20 μm—25 μm。

在拉伸步骤之前 PVA 膜的厚度等于或小于 60 μm 的情况下，由于 PVA 的膜内张力会增加，并且在拉伸过程中这种薄膜的每单位面积的模量会增加，因此可能容易发生膜的断裂。而且 PVA 的拉伸会影响翘曲问题。

3.2 异形偏光片的裁切及磨边工艺

显示技术的发展壮大，离不开显示器的应用的扩大，显示器再也不是长方形一种形态，异形屏幕的适用范围也在扩大。

来源：CINNO Research 全球五大新兴科技产业发展数据库

图 3-7：异形偏光片部分应用场景

各种异形偏光片的裁切及磨边工艺，对裁切生产效率和产品良率有较大影响。异形切割的技术难点在于对裁切尺寸精度、裁切边缘的品质保证等方面。

目前，针对异形屏的偏光片的外形加工，行业内存在以下两种方法：一是刀轮冲切偏光片外形；二是激光裁切偏光片外形。

（1）冲切方式：多数是使用刀轮，刀轮切割主要通过其稳定、高速的旋转对偏光片进行磨削，切割过程中需要使用冷却液降低温度和带走碎屑。冲切方式的技术难点在于对多片产品叠加边缘受力冲压后产生的毛丝、异物等不良。

（2）激光方式：激光切割的原理是利用经聚焦的高功率密度激光束照射片材，使被照射的片材迅速熔化、汽化、烧蚀或达到燃点，同时借助与光束同轴的高速气流吹除熔融物质，从而实现将片材割开。其具有切割精度高、切割速度快、不直接接触产品、物理损份少等优点。激光方式的技术难点在于自动定位系统、裁切精度以及边缘异物控制等方面。

4. OLED 显示偏光片技术难点

4.1　超薄方案

AMOLED 显示屏很薄，这是一个很大的优势。因此，AMOLED 面板需要超薄型偏光片。OLED 显示偏光片在搭配不同 AMOLED 显示屏时，使用不同方案。

AMOLED 显示屏分为刚性屏和柔性屏，柔性屏又分为固定曲率屏和可折叠屏，对于不同屏幕的 OLED 显示偏光片厚度要求如下：

（1）对于刚性屏，圆偏光片的厚度在 150 μm 上下即可使用，生产方式一般为外贴薄膜拉伸式补偿膜（拉伸式 PVA 线偏光片＋薄膜拉伸式补偿膜，拉伸式线偏光片的 PVA 层和薄膜拉伸式补偿膜之间有 PVA 保护层），生产技术难点主要在于薄膜拉伸式补偿膜的拉伸工艺和品质保证。

（2）对于固定曲率屏，厚度约 110 μm 及以下可以使用，一般为外贴液晶涂布式补偿膜（拉伸式 PVA 线偏光片＋液晶涂布式补偿膜，拉伸式 PVA 线偏光片的 PVA 层和液晶涂布式补偿膜之间有 PVA 保护层）或内贴拉伸式补偿膜（拉伸式 PVA 线偏光片＋薄膜拉伸式补偿膜，拉伸式 PVA 线偏光片中 PVA 层和薄膜拉伸式补偿膜之间无 PVA 的内保护层）。与刚性屏使用的偏光片生产技术难点对比，相同的难点部分都在于补偿膜生产工艺与品质保证；不同的是，内贴需要引入新的贴合工艺，是目前的技术难点。

（3）对于折叠屏，各方面都有很接近极限的要求，比如需要极小的弯折半径，一般为 70 μm 以下，越薄越好，对各层的生产工艺都是挑战。

4.2 圆偏光补偿方案

AMOLED 显示是自发光，不存在漏光的问题，黑色纯黑，就具备了色彩还原度高、对比度好的优势。但需要解决外界光的干扰问题，所以需要圆偏光材料的遮蔽范围尽可能覆盖外界自然光的全波段，而目前满足需求的圆偏光补偿膜的价格相对较高。所以产品设计时，如何兼顾成本问题与补偿效果问题成为技术难点。

1/4λ 薄膜，通常被称为圆偏振光的薄膜。在 OLED 显示偏光片发展初期，基本使用的是薄膜拉伸式来生产，由于延伸型多属窄波域，在全暗状态下有纯黑不足等问题，须以迭层的方式来达到宽波域的要求，出现 1/2λ＋1/4λ 等方式。薄膜拉伸的基材多为 PC、COP。

薄膜拉伸式 1/2λ＋1/4λ 薄膜价格较高，且厚度一般在 50 μm

左右，而 AMOLED 显示器由于“可弯曲”“可绕曲”等特点，希望 OLED 显示偏光片可以极薄，有可以达到更薄水准的圆偏光片的需求。液晶涂布的方式应运而生，液晶层的厚度一般为 1 μm—2 μm，涂布在厚度为 20 μm—25 μm 的基膜上，涂布液晶溶液后，再以 UV 光固化，可改善薄膜拉伸式的厚度问题。

上述方案共存于市场，而理想的 AMOLED 用圆偏光片应具备覆盖可见光波段、高透率、补偿膜与线偏振光匹配度高等特点，产业需为之努力。

三、偏光片技术发展趋势

1. LCD 偏光片产线技术的超宽幅化

液晶电视大尺寸化推进了偏光片产线的超宽幅化。液晶电视大尺寸化的趋势非常明显，32 英寸以下小尺寸电视销量占比将快速下降，预计从 2018 年的 34％下降到 2025 年 17％。全球电视市场大尺寸发展趋势明显，2018 年 65 英寸及以上等超大尺寸渗透率达到 8％，预计 2025 年将成长至 17％。

目前，65 英寸已经成长为市场新的增长点，同时品牌加大布局 75 英寸将之视为重要产品利润贡献机型，而更大尺寸的 80 英寸则将成为各品牌旗舰形象产品。由于 G10.5 产线对比 G8.x 产线对于 65 英寸及以上超大尺寸电视面板切割存在显著的经济切割效益，电视大尺寸化发展趋势利好 G10.5 超高世代面板产线。

LCD 显示面板的大型化要求偏光片也能提供相应的尺寸。

偏光片产线宽幅是指产线可生产的偏光片卷材的最大宽度，产线的宽度决定了裁切后的偏光片的大小。例如 1,330 mm 宽幅的产线可以生产出的最大宽度的原卷是 1,330 mm，如果有 65 英寸偏光片需要裁切，其尺寸为 1,450 mm×810 mm，1,330 mm 宽幅原卷已经不能满足其宽度，就需要更宽的产线来对应。

目前主流的偏光片产线宽幅是 1,330 mm、1,490 mm、1,980 mm、2,300 mm、2,500 mm。

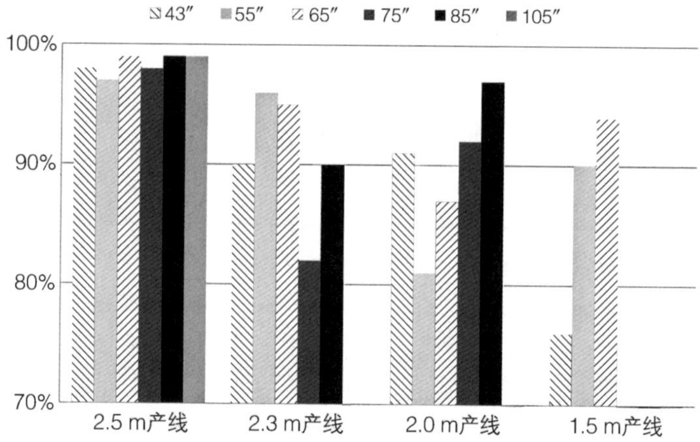

来源：CINNO Research 全球五大新兴科技产业发展数据库

图 3-8：不同宽幅产线裁切利用率对比图

除了大尺寸面板需要更宽的原卷以外，各个宽幅对不同尺寸的偏光片裁切效率也不尽相同。可见，2,500 mm 的超宽幅产线更适合未来电视主流尺寸的需求。

2. PVA 保护膜扩大使用低透湿性材料

随着显示产品在户外的应用不断扩大，对偏光片的耐水性提出了新的要求。TAC材料，由于透湿性能较差，容易发生边缘收缩，从而影响显示器的性能。能运用低透湿性材料（指PET、PMMA和COP材料）进行生产成为偏光片厂商在大尺寸偏光片领域的关键竞争力。同时，在使用低透湿性材料生产时，现有的水基接着剂无法使用，需要导入UV（紫外线固化）工艺技术生产。

在大尺寸产品领域，非TAC膜（PET、PMMA和COP膜）对TAC材料的取代呈现逐渐扩大的趋势。

Non-TAC films manufactures		杉金光电	住友化学	Nitto	SAMSUNG SDI	CMMT	BenQ	Optimax
Acryl	LG Chem	✓	✗	✗	✗	✗	✗	✗
Acryl	Nitto	✗	✗	✓	✗	✗	✗	✗
Acryl	住友化学	✗	✓	✗	✗	✗	✗	✗
Acryl	HYOSUNG	✓	✗	✗	✗	✗	✗	✗
COP	ZEON	✓	✓	✓	✓	✓	✓	✗
PET	TOYOBO	✓	✗	✗	✓	✓	✗	✗
PET	SKC	✓	-	-	-	-	-	-

来源：CINNO Research全球五大新兴科技产业发展数据库

图3-9：低透湿性PVA保护膜供应链状况

目前使用低透湿性PVA保护膜的产品结构有两种。

（1）一般VA型LCD电视用偏光片结构。

三星SDI最先在向三星显示器提供PET的偏光片，PET的主要供应商是日本东洋纺Toyobo。三星SDI在中国的一条2,300 mm宽幅生产线上主要生产PET偏光片，杉金光电也大量运用 PET 材料。目前日本东洋纺 Toyobo 是偏光片用 PET 的唯一供应商，产品供不应求。日本东洋纺 Toyobo 已经增加产线，2020 年 PET 紧缺的情况会有所缓解。

PMMA 在 PET 之后，也已经应用在 VA 型 LCD 电视面板上，日东电工、住友化学及恒美光电为主要供应商。

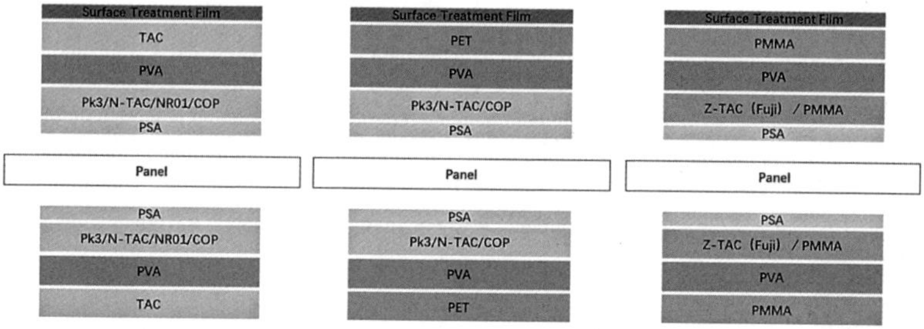

来源：CINNO Research 全球五大新兴科技产业发展数据库

图 3－10：一般 VA 型 LCD 电视用偏光片结构示意图

（2）一般 IPS 型 LCD 电视用偏光片结构。

PMMA 作为非亲水性材料，被 LGD 广泛使用。住友化学以 4 层 PMMA 为主；日东电工目前以 2 层 PMMA 为主。

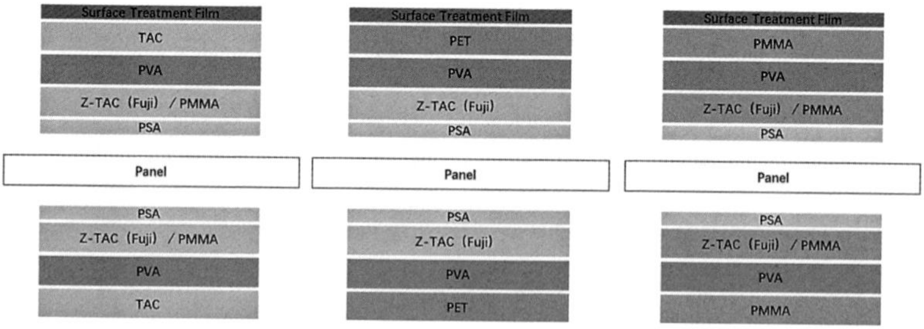

来源：CINNO Research 全球五大新兴科技产业发展数据库

图 3－11：一般 IPS 型 LCD 电视用偏光片结构示意图

PET 同样作为非亲水性材料，被 BOE 广泛使用，杉金光电是主要供应商。

3. 产品薄型化

LCD 显示器薄型化的大趋势下，偏光片的薄型化一直在进行。除了传统的减少各层的材料厚度这一技术路径以外，已经出现了单层 TAC 的产品。目前成熟的单层 TAC 的偏光片可以应用在 IPS 型 LCD 显示器上，称之为 RF 偏光片，Nitto、杉金光电为主要供应商。目前该产品的生产效率较低，如果提高生产效率及良品率，也将有助于降低偏光片的价格。

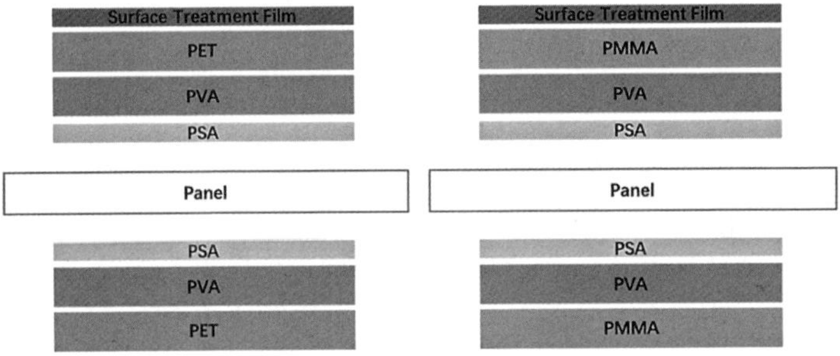

来源：CINNO Research 全球五大新兴科技产业发展数据库

图 3－12：一般 RF 偏光片结构示意图

4. 无偏光片技术在柔性显示上的应用

无偏光片技术名为 Pol-less 结构，也称为 COE 结构（Color filter On Encapsulation）。该技术的关键是在已经做好的 AMOLED 屏幕上蒸镀一层彩膜（Color Filter）取代偏光片。这层彩膜能够解决反光和透光的问题，当外界光线入射屏幕，不需要的光会被 BM 所吸收，其余会透过彩膜中的 RGB 入射，随后那个 RGB 像素点便会显示出颜色并反射。反射过程会有部分被 BM 区拦下，其余会被彩膜所吸收。

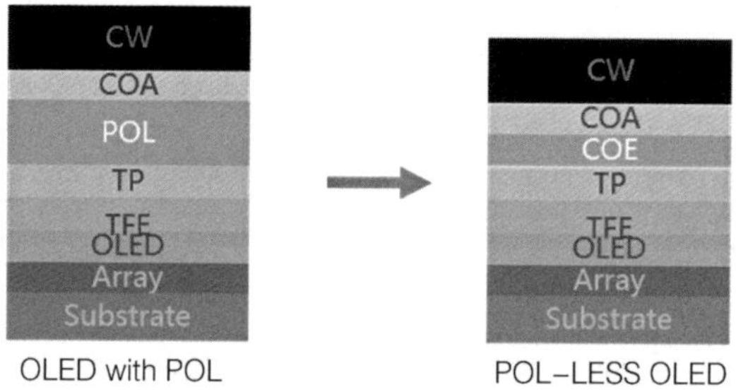

来源：CINNO Research 全球五大新兴科技产业发展数据库

图 3-13：无偏光片结构——COE 架构

无偏光片技术可以在相同的显示亮度下，使屏幕功耗更低；或者在相同的功耗下，使屏幕亮度更亮。此外，由于这层彩膜是覆上去的，通常只有 10 μm 以内，因此相比偏光片能够大幅降低屏幕的厚度，利于延长折叠屏的寿命，降低偏光片的使用成本。

折叠屏的设计中，手机屏幕必须做到尽量薄，这样才能在弯折过程中减小弯折半径，防止折叠区域塑料部分长期拉伸，导致长度变化，最后形成褶皱，降低屏幕寿命。因此，相对厚度较低的偏光片便成为折叠屏进一步发展所需解决的问题之一。随着折叠屏产品的出现，无偏光片技术方案对于解决折叠屏耐用度、提升亮度和降低功耗都有显著的好处。目前，这种技术仍然有工艺和成本的问题需要解决。

四、全球偏光片厂商运行现状分析

1. 杉金光电

杉金光电系在杉杉股份收购乐金化学偏光片业务的基础上设立的偏光片运营平台，致力于打造市场与技术全球领先的本土化偏光片事业。2021 年 2 月，杉杉股份成功完成了对 LG 化学 LCD 偏光片业务的并购，使得偏光片本土化率大幅提升，确保了卡脖子的高端偏光片自主可控。

宁波杉杉股份有限公司（SH600884）成立于 1992 年，公司自 1996 年 A 股上市以来由国内第一家上市的服装企业转型为新能源产业领军企业，30 多年来，杉杉从单一的服装业务稳健发展成为集新能源科技、偏光片等产业的全球领先高科技集团。近年来，公司持续落实聚焦战略，全力发展锂电池负极材料和偏光片两大核心优势业务，形成了“锂电池负极材料＋偏光片”的双科技引擎，双发展动力业务格局。公司以“打造受人尊敬的全球化高科技企业，实现可持续、高质量发展”为愿景，专注于锂电池负极材料和偏光片两大核心业务的发展，以持续技术创新为引擎，不断提升制造运营能力、深化降本增效路径，稳步提升全球市占率，夯实公司产业龙头地位。

杉金光电（前身 LG 化学 LCD 偏光片事业部）在 2003 年，率先在南京投资了后加工产线，2012 年投资前工程，如今杉金南京工厂共拥有 4 条前工程产线，为全球规模最大的单一偏光片生产基地。2018年，在广州投资2条前工程产线，其中2.6 m全球最大宽幅产线，于2020年实现量产。并购完成后，杉金光电将LG化学位于韩国梧仓的两条2.3 m超宽幅产线移设到广州工厂，于2022年上半年实现量产。同时，为了进一步扩大规模，杉金光电在张家港、绵阳也分别增设了两条前工程产线。

杉金光电的生产基地分布于南京、广州、张家港、绵阳、北京、合肥、重庆、福州、咸阳、深圳、台湾等地。

作为最具竞争力的偏光片企业，杉金光电依托原LG化学20多年技术研发积淀，通过超薄化、高对比度、广视角偏光片差异化技术领先市场，产品广泛应用在电视、显示器、笔记本、平板电脑、智能手机、商显、车载、工控等领域，尤其在大尺寸偏光片领域位列世界第一。

杉金光电在完成并购后，一方面，持续强化电视市场竞争力，继续扩大领先优势。公司持续推进高端产品占比，65英寸以上市场占有率进一步提升。同时，积极对应86英寸以上超大尺寸电视及商显市场，实现了超大尺寸偏光片产品的大规模生产，自主开发的全球最大尺寸110英寸产品已实现量产。同时公司开发和认证了近50个高端电视产品型号，在高端电视领域实现进一步突破。在高端IT和手机领域，偏光片正在向着高透过、薄型化的方向发展。杉金光电通过生产工艺的调整和改善，以及产品结构的优化，满足了高透过率的光学要求，降低了偏光片整体厚度。目前公司已成功开发了高端IT和手机等高透过、超薄型产品型号，成功完成多客户、多品种的认证并实现量产。

另外，杉金光电将在南京研发团队基础上，扩大设立全球研发中心，积极开发新型膜材料，导入环保型粘着剂/接着剂，聚焦电视用OLED及中小型/手机OLED的技术发展，持续跟进前沿技术，不断提升自主创新能力。通过招募全球领军型人才，扩大研发队伍，并构建产学研、上下游协同创新的平台，为持续引领市场打下基础。

从财务方面来看，2021年度杉杉股份整体营业收入约为206.99亿元，同比大幅增长约151.94%，其中杉金光电偏光片相关营业收入约为99.44亿元，占整体营收比例约为48.04%，接近五成。另外，2021年度杉杉股份整体营业利润约为46.99亿元，同比大幅增长约1,421.79%，约是2022年同期的15倍，整体营业利润率约为22.7%。

2. 住友化学

住友化学株式会社（Sumitomo Chemical Company，Limited，JP4005），东证一部上市企业，最初于1913年9月在日本爱媛县新居滨市成立，其前身为肥料制作企业，1934年2月更名为"住友化学工业株式会社"，并于1944年7月合并日本染料制造株式会社，其业务范围因此扩大至染料、医药领域。1958年5月在日本爱媛县的工厂开始生产乙烯及其衍生品，标志着住友化学工业株式会社进入石油化工领域。2000年在日本第一条全产线偏光片设备开始投产，标志着住友化学工业株式会社正式进入偏光片生产领域；2001年10月设立信息电子化部门；其韩国子公司东友光学薄膜的液晶显示器用全产线偏光片生产设备于2003年8月开始投产；2004年3月中国台湾地区子公司住华科技的液晶显示器用全产线偏光片生产设备开始投产，同年10月住友化学工业株式会社正式更名为现名"住友化学株式会社"。为了更好地开拓偏光片下游的显示器市场，住友化学于 2009 年 4 月收购了英国剑桥显示器技术公司(高分子 OLED 面板研发的先锋企业)。

从日本第一条薄膜的液晶显示器用偏光片一条龙生产设备开始投产至今，约 20 年间，住友化学株式会社已成为全球偏光片产业的龙头企业，其 2021 年度偏光片的销售量约占全球市场的规模的 26%。根据 CINNO Research 的统计，截至 2021 年末住友化学拥有 11 条在产的生产线，偏光片总产能约为 1.5 亿平方米，当年产量总面积约为 1.4 亿平方米，产品主要面向大型显示器、小型显示器以及车载显示器市场。

从财务方面来看，2021 年 1—12 月住友化学整体营业收入约为 1,575.43 亿元，较 2020 年同比增长约 20.95%，偏光片所属的情报电子化学部门营业收入约为 269.97 亿元，较 2020 年同比增长约 8.35%，占整体营业收入比例约为 17.14%。另外，2021 年 1—12 月住友化学整体营业利润约为 145.19 亿元，较 2020 年同比大幅增长约 101.82%，其中情报电子化学部门营业利润约为 31.64 亿元，较 2020 年同比大幅增长约 40.82%，占整体营业利润比例约为 21.79%；住友化学整体营业利润率约为 9.22%，而情报电子化学部门的营业利润率则约为 11.72%。

由此可见，2021 年 1—12 月偏光片所属情报电子化学部门的营业收入占住友化学整体营业收入的不到二成，但其营业利润则占据整体营业利润的超二成，即其营业利润率要大于整体营业利润率。不仅如此，随着中国偏光片市场规模的不断扩大，住友化学在“2022—2024 年中期经营计划”中明确指出，为了达成“偏光片全球运营体制的最适化”这一目标，将继续扩大偏光片领域的中国市场份额。

2019 年公司收购了日本三立子(Sanritz)的偏光片业务。

1939 年三立子(Sanritz)于日本东京成立,最初名为“日本变压器工业株式会社”,主要生产通信机用变压器。1945 年,公司更名为“三立电机株式会社”。1959 年,公司开始着手研发塑料偏光片,并于 1963 年研发成功并开始生产。1969 年公司位于藤冈工厂的塑料偏光片生产线完工并开始生产。1973 年,公司生产的偏光片被首次用在液晶显示器上。1989 年公司正式更名为现名“Sanritz”。1991 年为了扩大偏光片产能,开始建设富山工厂。1995 年,公司开始研发并生产高对比胶卷用偏光片。2001 年,公司开始研发家用液晶电视用偏光片,并商业化。2011 年,位于入善的工厂增设偏光片生产线。2019 年公司被住友化学株式会社收购。

根据 CINNO Research 的统计,截至 2021 年末三立子拥有 2 条偏光片在产生产线,总产能约为 2,800 万平方米,当年产量总面积约为 2,800 万平方米,满载生产。

3. 日东电工

日东电工株式会社(Nitto Denko Corp.,JP6988),东证一部上市企业,最初于 1918 年成立于日本东京大崎,主要从事电气绝缘材料的生产。1966 年开始生产半导体封装材料,标志着公司正式进入半导体产业链。进入 20 世纪 70 年代,日东电工加快了在电子部件领域的业务扩张步伐,1973 年开始生产柔性印刷电路板,1974 年成立 Nitto Belgium N. V. 并开始生产密封材料(NITTO EPTSEALER),1975 年成立 Nitoms, Inc. 开始生产液晶显示器所用的偏光膜,正式涉足偏光片生产领域,1976 年公司又开始生产高聚物分离膜(反渗透膜、超滤膜)。1988 年,为庆祝公司成立 70 周年，正式更名为现名“日东电工株式会社”，并于 1989 年开始生产液晶显示器（NRF）光学延迟膜。进入 20 世纪 90 年代，日东电工开始了在中国的业务布局，于 1994—1995 两年间，相继在上海成立了“Nitto Denko（上海浦东新区）Co.，Ltd.”和“Nitto Denko（上海松江）Co.，Ltd.”，并于 1998 年开始生产偏振转化膜。进入 21 世纪以来，日东电工继续加大在华业务布局，于 2002 年成立区域控股公司“日东电工（中国）投资有限公司”，2005 年成立“上海日东光学有限公司”，并研发出液晶显示器所用的广角双折射膜生产方法，因此荣获总理奖，2017 年又因发明超薄偏光膜制造方法而荣获总理奖。

日东电工是日本全球龙头偏光片生产企业，2021 年 1—12 月偏光片的销售量约占全球市场规模的 10%。根据 CINNO Research 的统计，截至 2021 年末日东电工拥有 18 条在产生产线，偏光片总产能约为 1.8 亿平方米，当年产量总面积约为 6,500 万平方米，产品主要面向以中小型显示器为主的高端市场。

从财务方面来看，2021 年 1—12 月日东电工整体营业收入约为 494.19 亿元，较上一年度同比增长约 14.24%，其中偏光片所属的光电产品部门营业收入约为 262.14 亿元，较上一年度同比增长约 10.54%，占整体营收比例约为 53.04%。另外，2021 年 1—12 月日东电工整体营业利润约为 74.15 亿元，较上一年度同比大幅增长约 81.03%，其中光电产品部门营业利润约为 54.14 亿元，较上一年度同比增长约 26.63%，占整体营业利润比例约为 73.01%；日东电工整体营业利润率约为 15%，而光电产品部门的营业利润率则约为 20.65%。

由此可见，2021 年 1—12 月偏光片所属光电产品部门的营业收入占日东电工整体营业收入的超五成，其营业利润则占据整体营业利润的超七成，其营业利润率也是超过整体营业利润率，可谓是主要的营收和营利来源部门。另外，根据日东电工 2021 年 9 月发布的《新中期经营计划 Nitto Beyond 2023》显示，公司预期随着未来在家远程办公的兴起，对 LCD 的需求不断增加会带动 LCD 用偏光片的需求不断增加，对此公司将与中国企业合作。

4. 三星 SDI

三星 SDI 以 1994 年开发半导体工艺材料 EMC（环氧树脂模塑料）为起点，迈出了电子材料事业的第一步，并逐渐将事业扩展至半导体、显示器、二次电池，以先进技术和专业化的力量为基础，保持着全球顶尖水平的事业竞争力。三星 SDI 通过持续投资研发备受瞩目的具有发展前景的显示器 OLED 的材料，成功量产 ETL（Electron Transport Layer，电子传输层），采用专有技术成功开发了 OLED 发光材料——绿色磷光主体材料。另外，三星 SDI 还将力量集中于可称为“IT 设备的心脏”的二次电池的核心材料——隔膜事业。三星 SDI 通过这样的努力，还获得了财务方面的成果，自 1994 年事业开始以来不断成长，2014 年包括半导体工艺材料 SOH、SOD 在内的共 5 个产品跃升全球市场份额前三位。另外，三星 SDI 将领先进入有望被用于下一代移动设备的柔性显示材料等有发展前景的市场，同时通过与全球顶尖客户的紧密合作保持持续的成长。

三星 SDI 计划首先推出基于创新技术的差异化产品，增强现有市场支配力的同时，以提前确保在下一代有市场发展前景的竞争优势为目标，致力于加强技术竞争力和市场营销力量。在半导体材料和显示材料方面，三星SDI计划通过领先供应性能比竞争公司优秀的产品，确保现有市场优势的同时，致力于特化产品的开发。随着智能手机和穿戴式设备等移动设备及高级电视机市场持续扩大，三星SDI将正式扩展二次电池用分离膜和OLED材料事业，同时构建可及时供应引领下一代移动设备市场的柔性显示材料的体系。

2015年，三星SDI宣布，公司与中国江苏省无锡市签订了设立偏光片工厂的MOU（谅解备忘录）。偏光片紧贴在LCD面板两侧，通过透射或阻断背光模组（Back Light Unit）中发出的光线，调整像素亮度并再现颜色。偏光片是LCD电视、笔记本电脑、平板电脑、智能手机等多种显示产品必不可少的核心元件。根据备忘录，三星SDI将在无锡工业区投资两千多亿韩元，建设年生产规模达3,000万—4,000万平方米的偏光片工厂，并计划从2016年年底开始投入量产。

2021年度，三星SDI是韩国最大的偏光片生产企业。2021年度偏光片的销售量约占全球市场的规模的12.5%。根据CINNO Research的统计，截至2021年末三星SDI拥有4条在产生产线，偏光片总产能约为8,400万平方米，当年产量总面积约为8,400万平方米，满载生产。

从财务方面来看，2021年度三星SDI整体营业收入约为763.46亿元，较2020年同比增长约20%，其中偏光片所属的电子材料事业部营业收入约为146.82亿元，较2020年同比大幅增长约59.02%，占整体的营收比例约为19.23%。另外，2021年度三星SDI整体营业利润约为60.14亿元，较2020年同比增长约1.57%，其中电子材料事业部营业利润约为29.85亿元，较2020

年同比增长约 23.24%，占整体营业利润比例约为 49.64%；三星 SDI 整体营业利润率约为 7.88%，而电子材料事业部的营业利润率则高达约 20.33%。

由此可见，2021 年 1—12 月偏光片所属电子材料事业部的营业收入占三星 SDI 整体营业收入的不到二成，但其营业利润则占据整体营业利润的近五成，其营业利润率也远超整体营业利润率，是主要的营利来源部门。

5. 恒美光电

恒美光电股份有限公司于 2014 年 5 月成立于江苏省昆山市，单一偏光片生产企业，占地面积约 15.4 万平方米，实收资本 31.4323 亿元人民币。2015 年 7 月开始兴建昆山工厂，土建主体于 2016 年 10 月完成，同时生产设备开始入场。2017 年 1 月一号生产线正式量产，月产能 70 万平方米，同年重庆分公司(RTS)和咸阳分公司(RTP)成立。2018 年一号生产线月产能达 150 万平方米，公司营收首次突破 10 亿元。2019 年上半年，2.5 米设备进厂产线装机，一号生产线月产能突破 180 万平方米，2 月惠州分公司(RTP)成立，3 月广州分公司(RTP)成立；2019 年下半年 2.5 米产线试机并于四季度开始生产，标志着第二条生产线正式投产，同时滁州分公司(RTS)成立。2020 年上半年相继启用 70 英寸 RTS 设备和 110 英寸磨边设备，下半年广州分公司(RTS)第二台 110 英寸 RTS 和 RDRV 无人搬运车相继启用，当年一号线和二号线月产能总计达 400 万平方米。

如今恒美光电两条产线年产 6,000 万平方米。后期扩建三号和四号线，全厂产能将突破 1.3 亿平方米，将成为全球领先的单一偏光片生产企业，为全球多个国家和地区的面板厂提供优质、稳定的偏光片供应。

恒美光电是世界主要的偏光片生产企业之一，2021 年度偏光片的销售量约占全球市场的规模的 8.7%。根据 CINNO Research 的统计，截至 2021 年末恒美光电拥有两条在产生产线，偏光片总产能约为 5,900 万平方米，当年产量总面积约为 5,800 万平方米，接近满载生产。另外还有 4 条产线在建中，1 条将于 2023 年投产，2 条将于 2024 年投产，1 条将于 2025 年投产，至 2025 年预计新增产能约 1.2 亿平方米。

从财务方面来看，2021 年度恒美光电营业收入约为 35.71 亿元，较 2020 年同比大幅增长约 57.98%，恒美光电营业利润约为 4.15 亿元，较 2020 年同比大幅增长约 365.57%，约是 2020 年度的 4.6 倍，公司整体营业利润率约为 13.97%。

6. 明基材料

明基材料股份有限公司，1998 年 7 月成立，初期生产光碟片。有鉴于平面显示器产业快速发展，集团垂直整合优势，积极投入偏光片事业。同时为确保能提供给客户最完整的解决方案，明基材料坚持研发自主，并拥有多项核心技术，包括延伸、光学、高分子、射出与押出、卷对卷、精密涂布、精密雕刻及配方等。

2004 年年底偏光片正式量产，展开全球布局，并开启国人自主研发暨量产 LCD 上游关键材料的首例，10 月苏州厂正式启用加入偏光片的生产行列，2007 年 12 月偏光片龙科厂成立。2010 年 1 月，偏光片台南厂成立，增购两条偏光片生产线，产能与规模大幅提升，跃居全球前四大偏光片制造商，同年 11 月，于中国台湾地区证交所顺利挂牌上市。另外包含隐形眼镜在内的医护产品也于2012年正式在中国台湾地区上市，2014年更推出世界第一款矽水胶彩色日抛隐形眼镜，并荣获2015年“中国台湾精品奖”。目前制造和销售点，包含中国台湾地区（桃园、龙潭、云林）、中国大陆（苏州、深圳、厦门）、马来西亚（吉隆坡、槟城、柔佛）和新加坡。透过核心技术交叉运用，产品从单一偏光片，扩增光学膜（3D、触控相关）、绿能机能膜等高附加价值光学材料；更涉足医护产品，以自有品牌进入消费市场。

明基材料是世界主要的偏光片生产企业之一，2021年度偏光片的销售量约占全球市场规模的5.33%。根据CINNO Research的统计，截至2021年末明基材料拥有3条在产生产线，偏光片总产能约为3,900万平方米，当年产量总面积约为3,900万平方米，满载生产。

从财务方面来看，2021年度明基材料整体营业收入约为37.96亿元，较2020年同比增长约9.51%，其中偏光片所属的机能膜部门营业收入约为34.17亿元，较2020年同比增长约8.44%，占整体营收比例约为90.02%。另外，2021年度明基材料整体营业利润约为2.25亿元，较2020年同比增长约78.55%，其中机能膜部门营业利润约为2.03亿元，较2020年同比增长约134.19%，占整体营业利润比例约为90.3%；明基材料整体营业利润率约为5.93%，其中机能膜部门的营业利润率约为5.95%。

由此可见，2021年1—12月偏光片的所属机能膜部门，无论营收还是营利均占明基材料整体营收与营利的九成，其营业利润率也与整体营业利润率相当，是主要的营利来源部门。

7. 诚美材料

诚美材料科技股份有限公司（股票代号：4960），2005年成立于中国台湾地区，原名“奇美材料科技股份有限公司”。2006年公司设立宁波奇美材料科技有限公司，正式进军大陆市场。2007年宁波第一条后段产线和中国台湾地区第二条前段产线开始进行量产，2008年宁波第二条后段产线也开始量产，2010年中国台湾地区二厂兴建完成，中国台湾地区第三条前段生产线开始量产，一年后中国台湾地区第四条前段生产线开始量产。2013年，高耐湿性PET与COP材质偏光片和4K2K专用超高透过率偏光片研发成功并于2014年推出。2015年公司更是同时推出EWV TYPE车载用偏光片、IPS TYPE车载用偏光片和超薄型78μ IPS（20μ Zero TAC）偏光片。2016年高耐候高阻水性车用偏光片材料研发成功，2017年推出超薄型98μ IPS ULTRA－NOTEBOOK用偏光片和超高导电IPS 76μ偏光片FOR INCELL DESIGN。2018年公司正式更名为现名“诚美材料科技股份有限公司”，并于当年推出五款偏光片，它们分别是：超薄型76μ IPS ULTRA－NOTEBOOK用偏光片、上下总厚150μ－APCF偏光片、异形U－SHAPE/NOTCH SHAPE手机用偏光片、115μ一体黑OLED手机用偏光片和IPS TYPE前车载E－MODE TYPE补偿膜偏光片。2019年公司又再接再厉推出180μ－APCF Notebook用偏光片和超薄型76μ IPS 300ppi高解析NOTEBOOK用偏光片。诚美材料通过15年来的努力，持续不断朝向高值化发展，成为全球偏光片供应商之一。如今，公司在中国台湾地区有4条前段生产线，并拥有一家子公司——宁波诚美材料科技有限公司后段厂，偏光片销售范围涵盖液晶电视、行动装置显示屏、桌上型显示屏、车用与公共显示屏及其他产品领域，员工总人数高峰平均约 2,000 人。诚美材料分为两大事业体：一是核心研发事业体，创新开发高值化应用材料，打造高端竞争力产品；二是生产事业体，充沛产能及优秀生产规程管理，打造整合服务的优化营运模式。两大事业体作为诚美材料的坚实后盾，以提升社会价值，创造产业竞争力为共同使命，相互将资源整合运用以发挥极致。

诚美材料是世界主要的偏光片生产企业之一，2021 年度偏光片的销售量约占全球市场的规模的 4.1%。根据 CINNO Research 的统计，截至 2021 年末诚美材料拥有 3 条在产生产线，偏光片总产能约为 2,700 万平方米，当年产量总面积约为 2,700 万平方米，满载生产。

从财务方面来看，2021 年度诚美材料整体营业收入约为 25.64 亿元，较 2020 年同比增长约 17.74%，其中偏光片相关营业收入约为 25.55 亿元，较 2020 年同比增长约 17.48%，占整体营收比例约为 99.63%。另外，2021 年度诚美材料整体营业利润约为 0.46 亿元，较 2020 年扭亏为盈，整体营业利润率约为 1.78%。

8. 三利谱

深圳市三利谱光电科技有限公司（SZ002876），成立于 2007 年，是国家级高新技术企业，同年公司建成国内首条宽幅（1,330 mm）TFT 偏光片中后工序生产线，2008 年成功研制国内第一张 OLED 偏光片和国内第一张 TFT 半透偏光片，2009 年建成窄幅（650 mm）偏光片全制程生产线。2010 年三利谱获“国家级高新技术企业”称号并正式更名为“深圳市三利谱光电科技股份有限公司”，2011 年建成国内首条宽幅（1，490 mm）TFT 偏光片全制程生产线，2014 年成立子公司“合肥三利谱光电科技有限公司”，2017 年三利谱在深圳交易所中小板正式挂牌上市，代码“SZ000876”，2019 年三利谱年销售额首次突破 10 亿元大关。

如今三利谱在深圳光明、安徽合肥、福建莆田、深圳龙岗都拥有生产基地。目前在华南地区拥有 4 条生产线：一号生产线为偏光片中、后工序生产线；二号生产线为窄幅（650 mm）偏光片全制程生产线，产品以 TN/STN/染料片为主；三号生产线为宽幅（1，490 mm）TFT 偏光片全制程生产线，是国内首条宽幅（1，490 mm）TFT 偏光片生产线，生产能力约 600 万平方米/年；六号生产线为宽幅（1，490 mm）TFT 偏光片全制程生产线，设计生产能力约 1，000 万平方米/年，在建中。在华中地区，公司已在合肥建成 2 条宽幅 TFT 偏光片生产线：四号生产线为宽幅（1，490 mm）TFT 偏光片全制程生产线，设计生产能力约 1，000 万平方米/年；五号生产线为宽幅（1，330 mm）TFT 偏光片全制程生产线，生产能力约 600 万平方米/年。

三利谱是世界主要的偏光片生产企业之一，2021 年度偏光片的销售量约占全球市场规模的 3.78%。根据 CINNO Research 的统计，截至 2021 年末三利谱拥有 4 条在产 TFT 生产线，偏光片总产能约为 3，200 万平方米，当年产量总面积约为 2，500 万平方米。

从财务方面来看，2021 年度三利谱整体营业收入约为 23.04 亿元，较 2020 年同比增长约 20.94%，其中偏光片相关营业收入约为 22.95 亿元，较 2020 年同比增长约 20.69%，约占整体营业收入的 99.61%。另外，2021 年度三利谱整体净利润约为 3.7 亿元，较 2020 年同比大幅增长约 190.13%，整体净利率约为 16.07%。

9. 盛波光电

深圳市盛波光电科技有限公司，成立于 1995 年，专业从事液晶显示器(LCD)用偏光片的研发、生产、销售和技术服务，由深圳市纺织(集团)股份有限公司和美国 ADS 公司合资兴建，原名为“深圳盛波偏光器件有限公司”。1999 年，公司第一张国产偏光片诞生，打破国外技术垄断，填补国内空白，“SPN - 1805T/M 型液晶显示器用偏光片”被国家科技部、国家税务总局、国家对外贸易经济合作部、国家质量技术监督局和国家环境保护局五部委评为“国家重点新产品”。2006 年，位于宝安区龙华街道的二期项目竣工投产(二号线)。该生产线为公司自主研发设计，由国内公司制造完成，并通过“ISO9001：2000 质量管理体系”认证。2008 年 12 月，公司偏光片销量位居国内同行业第一(2007 年)，同年公司承担了国家科技部 863 计划——“TFT - LCD 用偏光片工程化技术开发”课题的实施工作。2009 年，深纺集团完成了对乐凯集团和国投高科公司股份的收购，“深圳市深纺乐凯光电子材料有限公司”正式更名为现名“深圳市盛波光电科技有限公司”。2009 年 11 月 18 日，公司“TFT - LCD 用偏光片”项目正式启动。

盛波光电是国内偏光片产业先行者之一，目前共有 6 条量产生产线，1 条在建生产线，生产基地集中于深圳坪山。经过二十余年的生产研发，盛波光电产品现已覆盖 TN 型、STN 型、TFT 型偏光片、车载工控类专业显示、3D 立体显示、OLED 显示相关光学薄膜等领域。其中，盛波光电自主研发的 TN 型偏光片、STN 型偏光片、监视器用 TFT 型偏光片、笔记本电脑用 TFT 型偏光片、液晶电视用 TFT 型偏光片、OLED 显示用偏光片均率先填补了国内各领域的空白。目前盛波光电主营TN/STN-LCD、TFT-LCD、AM/PM OLED显示器用偏光片的研发、生产、销售和技术服务工作，产品尺寸覆盖3.5英寸—65英寸，是国内领先的偏光片生产及技术服务商。第7条生产线2021年第三季度开始量产，年产能可达6,000万平方米。

盛波光电是世界主要的偏光片生产企业之一，2021年度偏光片的销售量约占全球市场规模的3.8%。一号生产线为宽幅（500 mm）的TN/STN/染料片偏光片全制程生产线，设计生产能力约60万平方米/年；二号生产线为宽幅（500 mm）的TN/STN/染料片偏光片全制程生产线，设计生产能力约120万平方米/年；三号生产线为宽幅（650 mm）的TFT偏光片全制程生产线，设计生产能力约100万平方米/年；四号生产线为宽幅（1,490 mm）的TFT偏光片全制程生产线，设计生产能力约600万平方米/年；五号生产线为宽幅（650 mm）的TFT偏光片全制程生产线，设计生产能力约200万平方米/年；六号生产线为宽幅（1,490 mm）的TFT/OLED偏光片全制程生产线，设计生产能力约1,000万平方米/年；七号生产线为宽幅（1,490 mm）的TFT偏光片全制程生产线，设计生产能力约3,200万平方米/年。

从财务方面来看，2021年度盛波光电整体营业收入约为22.94亿元，较2020年同比增长约8.76%，其中偏光片相关营业收入约为20.99亿元，较2020年同比增长约7.57%，约占整体营收规模的91.53%。另外，盛波光电整体营业利润约为0.67亿元，较2020年同比大幅增长约32.23%，2021年度公司整体营业利润率约为2.91%。

10. LG化学

LG化学,1947年成立于韩国,原名“乐喜化学工业公司”,最初属于化妆品制造企业,1995年公司正式更名为“LG化学”。1998年LG化学正式进军中国,当年7月中国宁波ABS工厂建设完工。1999年10月LCD用彩色过滤器的感光材料开始批量生产。进入21世纪,LG化学加快在华布局,2000年10月中国宁波ABS工厂扩建(90,000 M/T)。2001年LG化学分离成LGCI、LG化学和LG生活健康,同年LG化学在中国加码投资,当年10月中国天津PVC工厂扩建(90,000 M/T)。2002年2月,公司在韩国清州偏光片工厂扩建,同年8月中国广州EP工厂完工,10月中国宁波ABS工厂扩建(150,000 M/T)。2003年6月与湖南石油化学合资收购现代石油化学,7月中国天津PVC工厂扩建(100,000 M/T),8月在中国南京设立信息电子材料法人。2004年6月在中国宁波设立SBL生产法人,10月设立LG化学(中国)投资有限公司,11月中国广州ABS工厂完工。2005年10月,公司在梧仓偏光片扩建2,600万平方米并于2006年10月扩至4,900万平方米,2005年11月在波兰设立偏光片后处理生产法人。2009年6月,在中国天津设立SBS生产法人,9月LG坡州市尖端材料生产基地开始建设TFT-LCD用玻璃生产工厂。2014年5月LG化学收购NanoH_2O(RO膜元件制造商)。2015年3月,LG化学扩建中国偏光片工厂,10月设立中国广州华南技术中心,同时中国南京电池工厂完工。2017年LG化学成立70周年之际合并LG生命科学。2019年4月收购杜邦在soluble OLED方面的技术和专利。

LG 化学是世界主要的偏光片生产企业之一，2021 年度偏光片的销售量约占全球市场规模的 1.5%。根据 CINNO Research 的统计，截至 2021 年末 LG 化学拥有 2 条在产生产线，偏光片总产能约为 2,500 万平方米，当年产量总面积约为 950 万平方米，稼动率约 40%。

从财务方面来看，2021 年度 LG 化学整体营业收入约为 2,402.77 亿元，较 2020 年同比大幅增长约 41.9%，其中偏光片所属的尖端材料事业本部营业收入约为 180.43 亿元，较 2020 年同比增长约 16.65%，占整体营收比例约为 7.51%。另外，LG 化学整体营业利润约为 283.09 亿元，较 2020 年同比大幅增长约 178.36%，其中尖端材料事业本部营业利润约为 13.29 亿元，较 2020 年同比增长约 16.21%，占整体营业利润比例约为 4.69%。2021 年度公司整体营业利润率约为 11.78%，其中尖端材料事业本部营业利润率约为 7.37%。

11. 力特光电

力特光电科技股份有限公司（TW3051），成立于 1998 年 3 月 3 日，注册资本金 8 亿美元，实收资本额 2.91 亿美元，是大中华地区第一家偏光片专业制造厂，为了掌握偏光片的关键技术，同年 4 月，公司通过与日本三立子株式会社签订 TN/STN-LCD 偏光片技术合作条约，充分掌握了三立子偏光片的生产技术，7 月平镇一厂 A 栋兴建。2000 年 10 月，公司又与日本三立子株式会社签订 TFT-LCD 偏光片技术合作条约。2002 年 2 月，公司偏光片产能已经达到世界第二，同年 10 月公司挂牌上市。2004 年 1 月南科一期厂兴建，一年后公司研发制造的“高阶 MVA 用偏光片”荣获第十三届“中国台湾精品奖”,2005 年 3 月南科第二期工程完工。2006 年 6 月苏州厂动土,标志着力特光电正式进军中国大陆。2007 年 1 月设立韩国分公司,同年 12 月苏州厂正式量产。

力特光电成立至今 24 年来,始终致力于 LCD 厂商本土化优质服务提供,具备液晶显示器(LCD)电视、桌面显示器、笔记本电脑、平板电脑 PC 及 Smart Phone 用的偏光片等优势产品,并深耕涂布技术及膜类自制研究与开发,扩展精密涂布等表面处理业务及产品,更不断精进研发技术与实力,推出高功能、高品质、高精细产品,发展平板电脑 PC、中小尺寸、工控及车载等高利基与高端产品。此外,并与世界级大厂配合,进行薄型化及高透过、高精细及高亮度的偏光片认证开发,因应产品薄型及环保节能趋势。

力特光电是世界主要的偏光片生产企业之一,2021 年度偏光片的销售量约占全球市场规模的 1.07%。根据 CINNO Research 的统计,截至 2021 年末力特光电拥有 2 条在产生产线,偏光片总产能约为达 700 万平方米,当年产量总面积约为 700 万平方米,满载生产。

从财务方面来看,2021 年度力特光电整体营业收入约为 7.35 亿元,较上一年度同比增长约 32.01%,其中偏光片相关的营业收入约为 7.18 亿元,较 2020 年同比增长约 31.26%,约占整体营收的 97.7%。另外,力特光电整体营业利润率约为 9.93%,营业利润约为 0.73 亿元,较 2020 年同比大幅增长约 167.5%;其中偏光片相关的营业利润率约为 18.82%,营业利润约为 1.35 亿元。

12. 胜宝莱

江西胜宝莱光电科技有限公司，成立于 2010 年 1 月，是国家级高新技术企业，同年建成第一条 1,330 mm 偏光片中后制程生产线。2010 年建成窄幅（650 mm）偏光片全制程 TN/STN/FSTN 生产线，年产能 200 万平方米，2013 年获得“国家级高新技术企业”称号。2018 年在江西吉安泰和建成公司首条宽幅（1,490 mm）TFT 偏光片全制程生产线，目前分别在深圳和江西设有工厂，深圳工厂有一套全制程的 TN、STN、FSTN 偏光片生产线；江西吉安拥有两套全制程生产线，一套宽幅（1,490 mm）年产能 1,000 万平方米、一套宽幅（1,540 mm）年产能 1,200 万平方米的全制程生产线及两条待安装产线。公司从 TN 型偏光片产品做起，到 STN、CSTN、半透过偏光片产品的稳定供货，从中小尺寸模组用偏光片产品，到跻身于国内偏光片重要供应商；产品广泛应用于仪器仪表、ETC、POS 机、手机、平板、电脑、视讯等领域；同时，在国内外知名终端显示方案厂商资源池备案，并实现批量供货。公司成功掌握高耐久、薄型化、宽视角、防眩光、OLED、医疗、军工、航天用偏光片、车载系列产品技术，并能够通过自主开发薄型偏光片材料的应用工艺，挖掘新型结构搭配有效减薄产品厚度，结合终端使用，针对性设计及开发匹配功能型产品，全方位应对终端个性化使用需求。

与此同时，胜宝莱光电独立开发多项新产品技术，不断填补和推动偏光片行业的发展与进步；通过全面导入信息化管理机制、ISO9001、ISO14001 及 IATF16949 管理体系，实现了供产销一条龙、品质全程可追溯。2021 年获得“江西省赣出精品”“江西省专精特新”“江西省年度功勋企业”荣誉称号。

13. 纬达光电

佛山纬达光电材料股份有限公司(证券代码：873001)，成立于2004年1月，是国家级高新技术企业，2016年公司成功开发高耐久染料系偏光片，成为国内首家具备高耐久染料系偏光片量产技术的企业。2017年公司通过“广东省偏光片工程技术研究中心”认定，2019年公司在全国中小企业股份转让系统(新三板)挂牌，证券简称“纬达光电”，证券代码873001。2021年纬达光电获“佛山市制造业隐形冠军企业”“佛山市细分行业龙头企业”称号，2022年5月公司调入新三板创新层，2022年7月获“佛山市专精特新企业”称号。

纬达光电已通过ISO9001、ISO14001以及IATF16949三大国际质量/环境管理体系认证，现有偏光片产能约210万平方米/年，产品以TN/STN/FSTN/高耐久染料片为主。2021年度，纬达光电整体净利润约为6,913万元，较2020年同比增幅43.78%，整体净利率约为25.86%。

14. 怡钛积

深圳怡钛积科技股份有限公司，初创于2001年，是一家专注于光电显示的上游材料研发、生产和销售的集团化企业。主要产品涵盖并应用于TFT－LCD和OLED屏的光学显示新材料、UV树脂材料以及光学功能膜精密成型的全制程解决方案。怡钛积产品已进入行业主流显示面板龙头企业，全面覆盖一线终端品牌。作为BOE、华星光电、天马、维信诺、和辉光电、信利光电等一线屏厂的供应合作伙伴，为华为、荣耀、小米、OPPO、vivo、三星等终端品牌产品提供高性能的光学膜新材料及全制程解决方案。

公司总部设立在深圳，分别于浙江兰溪和东莞设有生产基地。集团现有员工433人，在北京、上海、合肥、武汉、成都、厦门、台湾等地设有分公司和销售办事处。公司大力引进新材料领域专家、海外材料学博士等高端技术人才，并与国内外高等科研院校进行深入的技术合作。公司近三年研发投入占公司销售额6%以上，研发人员37人，其中博士3人、硕士5人。获得知识产权专利总数为62件，与深圳航天材料研究院、上海中科院有机化学研究所、香港城市大学、台湾工研院等产学研机构进行合作。浙江怡钛积新材料产业基地建立以配方合成、超薄精密涂布为基础的技术平台。柔性显示用圆偏光片采用怡钛积自主核心技术，突破配方研发、设备研发等关键要素，打破国外技术垄断，填补国内空白，攻克涂布偏光片和涂布位相差两大技术瓶颈，开发出全球最薄30 μm的圆偏光片。怡钛积是目前国内唯一拥有自主知识产权生产此产品的企业。

第四章

产业链篇(上)

一、全球显示偏光片核心材料技术发展趋势分析

1. PVA 膜技术发展趋势分析

偏光片是电子显示行业的上游关键材料之一，其本质为一种复合膜，主要由 PVA 膜、PVA 保护层、压敏胶、离型膜和保护膜等复合而成。

聚乙烯醇（Polyvinyl Alcohol，PVA）由醋酸乙烯聚合成为聚醋酸乙烯（PVAc）后经醇解制备得到，因其分子结构内含有大量羟基，PVA 水溶性良好，且溶于水后具有较强的成膜性和粘结性，同时 PVA 具备较强的热稳定性、耐弱酸/弱碱/有机溶剂等性能，因此被广泛应用于纺丝、塑料、黏合、建材等领域。

PVA 是一种线性高分子聚合物，在很长的分子链上均匀地挂着许多强极性的 OH 基团。PVA 及其共聚物的延伸特性具有偏光的作用，因此普遍被用作偏光基质。为了获得良好性能，PVA 的聚合度一般在 2,600 以上，最佳为 3,500—5,000。在 PVA 及其共聚物的制造过程中，要尽量提高其皂化度，皂化度为 98%—100%时性能最佳。

PVA 膜具有高透明性和高延展性，还有良好的碘吸附作用以及成膜特性等特点，是偏光片的核心原材料。PVA 膜能起到偏光

作用是因为它能吸附二向性分子，以市场应用最广的碘系 PVA 膜为例，未经处理前的 PVA 分子链杂乱分布，PVA 膜上吸附的碘分子也杂乱无章，当 PVA 膜加以延伸定向后其上的碘分子也有序分布，吸附碘的二向吸收分子延伸配向，使 PVA 膜具备偏光的功能，从而决定偏光片的偏光性能、透过率、色调等关键光学指标。

国内市场下游显示面板产能及显示偏光片产能的增长为 PVA 高性能膜材料的国产化带来巨大机遇，但仍需从两方面进行突破：(1) 通过自主研发或外部引进的方式打破技术壁垒，实现稳定、高质量生产；(2) 需要加强和下游显示偏光片及显示面板生产企业合作，加快进入国内显示偏光片行业的供应链体系，逐步实现国产化替代。

2. PVA 保护层技术发展趋势分析

由于 PVA 膜制成的偏光层易吸水、褪色而丧失偏光性能，因此在 PVA 膜两侧需分别采用一层光学性均匀、透明性良好的保护层薄膜隔绝水分和空气，保护 PVA 偏光层，目前最主流的保护层薄膜材料为三醋酸纤维素（Triacetyl Cellulose，TAC）。

TAC 作为目前最常用的 PVA 保护层薄膜材料，在价格及光学性能上具备一定的优势，但 TAC 材料本身具有一定的吸水性且尺寸稳定性和表面特性容易受到环境的影响，在制膜过程中可能会由于翘曲而容易发生收卷变形、涂覆起皱、黏合翘边、涂层晶点等问题，在高湿高温环境中，TAC 膜的尺寸大小容易发生变化，力学性能下降进而影响其对 PVA 膜的保护性能。常见的改进方法：一是在膜表面涂覆一层聚偏氯乙烯（Polyvinylidene chloride，PVDC）的乳液或是溶液，二是将氧化硅用真空镀膜法或离子喷镀法喷镀在膜表面,以提高膜材料的耐湿热特性。

由于其在尺寸稳定性等方面的不足,显示偏光片中 TAC 膜面临被环烯烃聚合物(Cycloolefin Polymer,COP)、环烯烃共聚物(Copolymers of Cycloolefin, COC)、聚甲基丙烯酸甲酯(Polymethyl Methacrylate, PMMA)、聚对苯二甲酸乙二醇酯(Polyethylene Terephthalate,PET)等膜材料替代的风险。

由于 PMMA 材料的独特优势,越来越多的偏光片厂商开始采用 PMMA 材料保护膜替代 TAC 膜,特别是在大尺寸显示面板领域。TAC 膜在耐热性和防潮性上表现较差,因此以此种材料为基膜的偏光片在高温或高湿环境下偏光度会劣化,进而影响液晶显示器影像质量,而 PMMA 保护膜耐候性及化学稳定性优异,在具备和 TAC 膜相近光学补偿功能的同时,能承受的拉伸、弯曲、压缩等强度均高于 TAC 膜。且偏光片用 PMMA 膜的厚度一般为 40 μm,更低的综合膜厚与目前手机、平板电脑、电视等市场的薄型化需求匹配性较高。

COP 被认为是 TAC 较好的替代材料,拥有比 TAC 更佳的低吸湿性,与 PMMA 相当的光学性能和通过率,比 PC 更加优异的耐热性能,适用于柔性屏幕中,但 COP 生产的技术及工艺难度较大,价格相对较高。

PET 是最常用的光学基材,由聚酯切片和添加剂母料切片等合成,广泛用于液晶面板、触控面板、柔性显示器等功能性薄膜中,作为预涂底层薄膜,除对透光率、雾度、清晰度、热收缩率、表观质量等有较高要求外,对附着性也有特别要求,价格相对其他基材而言更加低廉,在对 TAC 的替代中同样具备较强的竞争力。

从产业链下游应用情况来看,目前三星、LG、友达、群创等厂商非 TAC 膜的应用比例已经较高，未来中国大陆面板厂商技术路线的升级中对非 TAC 保护膜的需求也保持持续增长的趋势。

3. PSA 技术发展趋势分析

压敏胶粘剂（Pressure Sensitive Adhesives，PSA）是一种在压力的作用下实现对被粘物表面进行粘接的粘着剂，压敏胶的粘附力（胶粘带与被粘表面加压粘贴后所表现的剥离力）必须大于粘着力（即所谓用手指轻轻接触胶粘带时显示出来的手感粘力）。

压敏胶粘剂的种类很多，按压敏胶的主体材料成分分类有：天然橡胶压敏胶、合成橡胶和再生橡胶压敏胶粘剂、热塑弹性体压敏胶粘剂、丙烯酸酯压敏胶粘剂和有机硅及其树脂压敏胶粘剂。

偏光片用压敏胶粘剂是作为偏光片结构中的一层胶层，用于对玻璃基板的黏合。压敏胶粘剂在显示偏光片中作为贴合在面板上的胶材，决定了偏光片的粘着性能及贴片加工性能。近年来，随着显示偏光片的轻薄化发展，对显示偏光片用 PSA 提出了新的性能要求，主要表现在较高的光学性能、优异的耐湿热性能、良好的再剥离性能、较高的剥离强度、恰当的初粘力和持粘力等，应用的主要是溶剂型聚丙烯酸酯压敏胶。

溶剂型聚丙烯酸酯类压敏胶是由硬单体、软单体、功能性单体、引发剂和有机溶剂等按照一定比例，在适当的工艺条件下聚合制得的共聚物，并且通过添加一定比例的交联剂、偶联剂等可提高其综合性能。其中，软单体主要提高初粘性能，硬单体主要提高内聚力，功能单体主要增加内聚强度和粘结性能，同时作为反应点与外加交联剂进行交联，形成网络结构，提高耐久性和内聚强度等，偶联剂可提高压敏胶对剥离膜的剥离力、压敏胶对玻璃的粘接力等。此外,为提高偏光片的耐久性,部分偏光片用压敏胶添加少许含有机硅的助剂。

TN、STN 偏光片对压敏胶的要求相对较低,主要为较好的剥离性、再剥离性和粘接性、较好的耐久性(耐高温、耐湿热、耐低温和耐冷热冲击)。

TN、STN 偏光片一般采用通用型或中耐久型产品,TFT 偏光片的使用场景对耐久性要求较高,一般采用中耐久型或高耐久型产品。相应地,TFT 偏光片用压敏胶比普通的 TN、STN 偏光片用压敏胶的性能要求也会更高更严格,具体表现在以下几个方面。

(1) TFT 产品用自动贴片机贴片,对剥离膜的剥离力比 TN 和 STN 型偏光片用的压敏胶略小,便于自动剥离。

(2) TFT 偏光片用压敏胶的耐久性的衡量标准至少是中耐久型,车载及室外电表等更严格的应用场景还会用到高耐久型偏光片。

(3) Mura 测试。压敏胶在进行高温 Mura 测试时,偏光片和压敏胶都会产生形变,由于压敏胶软硬程度不同,其形变量与偏光片不同,导致偏光片各点所产生的蠕变和应力松弛程度不同。在背光源点亮时,偏光片边缘将出现不同形状的漏光现象。硬胶主要是在偏光片的四边出现白色线状的漏光现象;软胶主要是在偏光片的边缘出现蝴蝶状的漏光现象。

(4) 对玻璃的粘接力。TN、STN 产品的制造及包装方式对偏光片压敏胶粘接力要求较高。TFT 产品由于玻璃基板很薄,返工时若粘接力太大,容易损坏 LCD 屏,若粘接力过小,则易发生偏光片的自动剥离和翘曲气泡等现象。TFT 型偏光片用压敏胶粘接力一般控制在 300 gf/25 mm—500 gf/25 mm 之间。

（5）防静电性能。TFT 偏光片用压敏胶，对压敏胶的防静电性能有要求，静电过大会使周围空气中的颗粒和粉尘吸附到偏光片表面，影响产品的良品率。

（6）离型膜配向角。为了便于检验，TFT 偏光片用压敏胶配套的离型膜的配向角一般要求<10°。

4. 保护膜技术发展趋势分析

保护膜是在聚酯薄膜（Polyethylene Terephthalate，PET）的一面涂布防静电涂层，另一面涂布有防静电功能的压敏胶层，在压敏胶层贴合离型膜后制成，涉及高分子材料合成、精密涂布等多种技术，其性能要求高、研制生产技术难度很大，适用于电子产品玻璃镜片、液晶玻璃面板、光学膜片、显示屏视窗、手机镜片、高光注塑件、触摸屏模块等部件的制程及出货保护。

偏光片保护膜光学性能优异并具有良好的抗静电性能，具有稳定的粘合性且易剥离，在生产、加工、运输等环节中有效保护显示偏光片本体不受外力损伤及污染。

偏光片保护膜对偏光片有稳定的粘合性能且易贴附易剥离，贴附后无气泡、无异物附着，剥离后无残胶、无污染，同时具备较高的洁净度和优良的外观，产品抗静电性、耐候性、耐酸碱性能良好。

偏光片保护膜的高透明的特性，使得偏光片在贴上保护膜时也能够清晰明了地看到偏光片本身。同时，偏光片保护膜卓越的抗静电性能可以防止灰尘影响，而低粘着易贴附、粘着力经时变化小以及超强的润湿性等特性，可以使得在检测偏光片时能够比较容易揭开及反复使用,剥离无残胶、保持偏光片表面的整洁、光滑。

5. 离型膜技术发展趋势分析

离型膜种类多样且用途广泛,是电子元器件制造过程中常用的中间产品转移用材料,离型膜一般以聚酯薄膜(Polyethylene Terephthalate,PET)为基材,单面或者双面涂覆离型剂使其成为具有超低表面性能的离型膜材。

离型膜包括基膜和涂覆于基膜上的离型层(主要包括硅离型剂、氟素离型剂等在内的多种不同的离型剂),不同离型剂会产生不同的离型力,适配各种压敏胶体系,使离型膜产品在剥离时达到极轻且稳定的离型力,以匹配下游应用需求。

离型膜的用途非常广泛,可以作为印刷电路板(Printed Circuit Board,PCB)、LED 等行业的层压隔离膜及保护膜、胶粘保护膜产品的保护层、模切行业冲型耗材以及作为多层陶瓷电容器(Multi-layer Ceramic Capacitors,MLCC)及叠层内置天线生产加工过程转移的承载体,还可以运用于液晶模组中的偏光片中,作为附着功能膜层的基膜。

下游不同应用场景中的离型膜产品差异较大,离型膜按不同基材可分为 PET 离型膜、PE 离型膜、OPP 离型膜、复合离型膜(即基材是由二种或二种以上的材质复合而成的)等;按离型力可分为轻离型离型膜、中离型离型膜、重离型离型膜;按颜色可分为红色离型膜、黄色离型膜、绿色离型膜、蓝色离型膜等各种颜色的 PET 离型膜;按表面处理可分为单面离型膜、双面离型膜、无硅离型膜、氟塑离型膜、单面电晕、双面电晕、磨砂离型膜、哑光离型膜等;按硅含量可分为含硅离型膜、无硅离型膜。

偏光片用离型膜一般为单面涂覆硅离型剂的 PET 离型膜，具有强度高、不易变形、透明性好、表面平整度高等特点，主要起到保护偏光片压敏胶层的作用。

干硅涂布量（g/m^2），是指离型剂涂布在基材上的量，是离型膜的主要技术指标之一。一般溶剂型常规离型力的硅油涂布量在 $0.10\ g/m^2$—$0.20\ g/m^2$。硅油涂布量直接影响到离型膜产品的剥离性能。较低的硅油涂布量容易出现涂布不均、漏涂等现象，致使涂层覆盖性差，剥离偏重或点状、片状不离型，具有一定的使用风险。

在偏光片离型膜生产中，常见原材料包括 PET 基膜、离型剂等，其中 PET 基膜是偏光片离型膜的关键原材料。偏光片离型膜用 PET 基膜的生产难度较高，虽然目前国内厂商已实现 PET 基膜的量产，但由于国内多数生产企业的技术水平相对较低，高端 PET 基膜的进口依赖度仍较高，这在一定程度上限制了国内偏光片离型膜产业的发展。

二、全球显示偏光片核心材料产业发展趋势分析

1. 全球 PVA 膜产业现状概述及市场规模发展趋势分析

传统 PVA 产品技术壁垒较低，经过较长时间的竞争格局演变，市场供给格局已趋于稳定。应用于显示偏光片的光学级 PVA

膜的生产技术壁垒较高，全球范围内具备生产能力的企业数量有限，目前全球市场份额基本被以日本可乐丽株式会社为代表的日本企业垄断。可乐丽作为全球高端 PVA 树脂原料的主要供应商，可以实现从高端 PVA 树脂，到显示偏光片用 PVA 膜，再到 PVA 膜表面处理的一体化生产。

近年来国内市场显示面板及显示偏光片产能的增长为 PVA 高性能膜材料的国产化带来了巨大的发展机遇，目前国内具备显示偏光片用 PVA 光学膜产业化生产能力的企业仅有两家，分别为长春集团和皖维高新。其中，长春集团已于 2013 年投资建设了第二条 PVA 膜宽幅生产线，而皖维高新投资建设的年产能 700 万平方米 PVA 光学薄膜生产项目也同样正在全面推进中。

根据 CINNO Research 产业统计数据，2021 年全球显示偏光片用 PVA 膜需求量约 2.7 亿平方米，同比增长 4.6%，2025 年全球显示偏光片用 PVA 膜需求量预计为 3.1 亿平方米。

2. 全球 PVA 保护层产业现状概述及市场规模发展趋势分析

目前 TAC 膜全球市场主要由日本厂商垄断，富士胶片(Fujifilm)和柯尼卡美能达(Konica Minolta)两家日企主导全球市场。国内厂商方面在显示偏光片领域起步较晚，虽未在全球 TAC 市场占据较大份额，但是经过多年追赶，部分国内头部企业也已经初具规模。由于 TAC 材料存在吸水率较高、高温高湿环境下尺寸稳定性较差等缺点，出现了如 COP、COC、PMMA、PET 等多种替代 TAC 的材料，但具体替代趋势仍存在较大分歧，目前相对较常用替代是由 COP 作为补偿膜替换偏光片下侧 TAC 膜。

根据 CINNO Research 产业统计数据，2021 年全球显示偏光片用 PVA 保护层需求量约 12.1 亿平方米，同比增长 4.6%，全球显示偏光片用 PVA 保护层需求量预计将于 2025 年增长至 12.9 亿平方米，年复合增长率 1.2%。

3. 全球 PSA 产业现状概述及市场规模发展趋势分析

国外 TFT 偏光片的生产、研究和应用都比较成熟，TFT 偏光片用压敏胶的生产企业主要集中在日本和韩国，如综研化学、合成化学、Saiden、日本碳化学和 LG 化学等，目前偏光片厂家也在根据各自产品的需要，逐步展开配套的压敏胶产品的开发工作，改善偏光片用压敏胶产品的耐漏光性、粘合耐久性、可除去性、可加工性、抗静电性等性能，同时提高压敏胶产品的生产效率及良率。

国内对 TFT 偏光片用压敏胶的技术积累相对薄弱，近两年来，国内众多高世代的 TFT－LCD 生产线相继建成投产，对中大尺寸 TFT 偏光片的需求量将急剧增加，配套的 TFT 偏光片市场缺口大，TFT 偏光片产品主要依赖进口，极大影响了我国 TFT－LCD 生产企业的竞争力。三利谱于 2011 年 10 月底建成投产国内第一条 1,490 mm TFT 偏光片生产线，填补了国内中大尺寸 TFT 偏光片生产领域的空白。随着国内厂商对宽幅 TFT 偏光片的制造技术的突破，TFT 偏光片用压敏胶的技术研究及国产化有利于降低 TFT 偏光片的成本，提高国产偏光片的市场竞争力，对我国平板显示产业的发展具有重要的意义。

根据 CINNO Research 产业统计数据，2021 年全球显示偏光片用 PSA 需求量约 8.5 万吨，同比增长 4.6%，2025 年全球显示偏光片用 PSA 需求量预计为 8.4 万吨。

4. 全球保护膜产业现状概述及市场规模发展趋势分析

PET 基膜是偏光片保护膜的核心原材料之一,高端光学级保护膜用 PET 基膜市场由东洋纺、帝人杜邦、东丽及三菱化学等日本厂商主导,成品保护膜厂商主要包括藤森工业、LG 化学、日东电工、帝人杜邦、日立化成、积水化学、LINTEC、岱棱、新辉等。

目前,偏光片保护膜的国产化程度较低,国内偏光片保护膜市场中,藤森工业和 LG 化学等日韩企业仍占据主导地位。2020 年,杉金光电与 LG 化学就标的资产所需的保护膜等主要原材料采购签署了《长期供应合同》,随着杉金产能持续提升,LG 化学在国内偏光片保护膜市场的份额预计也将进一步提升。

日韩偏光片保护膜领域处于技术领先水平,国内市场偏光片保护膜长期依赖日韩厂商进口。随着近年来国内显示产业的快速发展,国内下游厂商对偏光片保护膜的需求量逐年增加,偏光片保护膜配套存在不足,一定程度上制约着中国显示产业的发展。目前,合肥乐凯等企业的偏光片保护膜已经进行全面的市场推广,补足了国内平板显示产业链缺口,对国内平板显示产业链的安全性及经济性具有积极意义。

根据 CINNO Research 产业统计数据,2021 年全球显示偏光片用保护膜需求量约 6.7 亿平方米,同比增长 4.6%,2025 年全球显示偏光片用保护膜需求量预计为 6.6 亿平方米。

5. 全球离型膜产业现状概述及市场规模发展趋势分析

偏光片生产需要透过离型膜观察偏光片品质，因此对于离型膜原膜有配向角的要求，且对洁净度、平整度、均匀性等方面的要求较高，受生产工艺、原材料供应、研发实力等因素影响，目前国内偏光片用离型膜市场仍由日本东丽、藤森工业、三菱化学、日东电工、琳得科等海外企业主导。国内偏光片用离型膜生产企业主要有洁美科技、苏州星辰、金张科技、斯迪克以及扬州万润等。

目前我国偏光片用离型膜国产化率较低，产品国产替代空间大，偏光片离型膜作为偏光片的重要组成材料，随着偏光片市场发展，偏光片离型膜市场需求也将不断增加，未来在国内企业积极布局、技术进步的带动下，国内偏光片用离型膜市场发展空间广阔。

根据 CINNO Research 产业统计数据，2021 年全球显示偏光片用离型膜需求量约 1.35 亿平方米，同比增长 4.6%，2025 年全球显示偏光片用离型膜需求量预计为 1.32 亿平方米。

三、全球显示偏光片核心材料头部厂商介绍

1. 全球 PVA 膜主要厂商介绍

（1）可乐丽株式会社

可乐丽株式会社（Kuraray），1926 年 6 月 24 日创立于日本冈

山县仓敷市,最初名为“仓敷绢织”,主要从事乙酸乙烯酯、异戊二烯、功能材料、纤维等业务。1961 年仓敷工厂正式启动 POVAL 薄膜生产(1969 年停止),1962 年西条工厂开始投产 POVAL 薄膜。1963 年可乐丽便与中国签署 POVAL、维尼纶的一条龙生产设备出口合同,正式开始与中国的商业往来。1968 年冈山工厂开始生产乙烯法醋酸乙烯 POVAL。1972 年“易包乐”薄膜生产设备完工,1973 年、1974 年与中国相继签署乙烯法醋酸乙烯 POVAL 成套设备的出口合同和天然气法 POVAL 制造成套设备的出口合同。1976 年可乐丽发售利用 POVAL 中空丝的工业用分离膜。进入 80 年代,可乐丽在美国成立了 EVAL(EVOH 树脂、薄膜)的合资公司,构筑了可乐丽在海外拓展的桥头堡,1982 年冈山工厂建成“易包乐”二轴延伸薄膜设备。进入 90 年代,可乐丽实现了热可塑性合成橡胶 SEPTON(热可塑性弹性体)、KURALON K-Ⅱ(新型 PVA 纤维)、GENESTAR(耐热性聚酰胺树脂)的工业生产,在比利时建立了 EVAL(EVOH 树脂、薄膜)生产基地,在新加坡建立了 PVA(聚乙烯醇树脂)的生产基地。1998 年冈山工厂建成新型 PVA 纤维“KURALON K-Ⅱ”的正式生产设备,一年后 POVAL 亚洲公司开始生产 POVAL。进入 21 世纪,可乐丽在德国收购了 PVA(聚乙烯醇树脂)的关联业务,在美国开始进行热塑性合成橡胶 SEPTON(热可塑性弹性体)的生产等,加速了海外重点业务的拓展。

可乐丽于 1926 年为了实现当时人造丝的企业化而成立,并且以纤维为中心事业不断扩展。之后随着纤维产业从日本向海外转移等事业环境的变化,凭借在纤维中培育的高分子化学和合成化学的独创技术,在具有世界竞争力的醋酸乙烯酯相关事业等化学领域不断扩大，并推进事业结构的强化。

可乐丽凭借独有的技术力量，开发生产出许多世界首创的产品。通过日本国产技术在世界上第一个实现了合成纤维维尼纶的事业化，其后又推出了作为维尼纶原料的 PVA 树脂、液晶显示器必不可少的 PVA 薄膜、具有高度气体阻隔性的 EVOH 树脂 EVAL、世界上独一无二地从人工合成异戊二烯衍生出的化学产品群等。由独创性技术孕育的世界市场占有率第一的业务的销售额达到集团总销售额的一半以上。

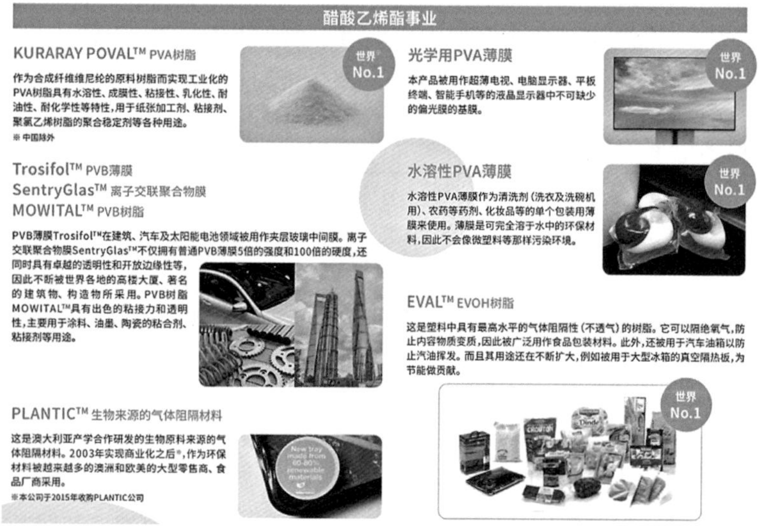

来源：可乐丽官网

图 4－1：可乐丽醋酸乙烯酯业务

（2）长春集团

长春集团（中国台湾），1949 年成立于中国台湾地区，最初主要生产电木粉，是中国台湾地区第一家生产塑胶的工厂。长春集团于1961年建设第一座甲醛厂,生产电木粉、尿素粉与尿素胶的原料,并于1964年设立子公司“长春石油化学股份有限公司”(下简称“长春石化”)。1973年长春石化研究开发成功聚乙烯醇(PVA)制程,随后兴建聚乙烯醇一厂,并于1976年建设连续式制程之聚乙烯醇厂,正式进军PVA业务。2006年长春石化苗栗厂自行研发聚乙烯醇缩丁醛薄膜(PVB Film)工厂完工生产,2007年长春化工(江苏)有限公司聚乙烯醇、醋酸酯及PBT树脂建厂完成并开始商业运转。2020年长春石化苗栗厂PVA产能扩建完成。如今公司已有多项产品跻身国际主要制造商地位,如:电解铜箔、PBT工程塑胶、聚乙烯醇(PVA)、1,4-丁二醇(1,4-BDO)、VAE乳胶、环氧树脂、EVOH、丙烯醇等。

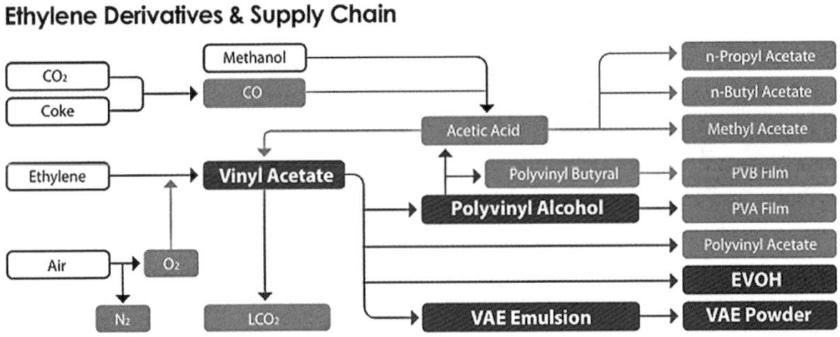

来源:长春集团官网

图4-2:长春集团乙烯衍生物业务产业链

(3) 安徽皖维集团有限责任公司

安徽皖维集团有限责任公司(SH600063)始建于1969年,其前身是“安徽省维尼纶厂”,是国家“四五”期间投资建设的重点项目。目前皖维集团主营业务为聚乙烯醇(Polyvinyl Alcohol,

PVA）及其衍生产品的研发、生产和销售。皖维集团产地分布于安徽巢湖（本部）、广西宜州、内蒙古察右后旗、浙江嘉善等地。皖维集团具有年产35万吨聚乙烯醇（Polyvinyl Alcohol，PVA）、60万吨醋酸乙烯酯（Vinyl acetate，VAC）、12万吨精醋酸甲酯（Methyl acetate）、50万吨电石、4万吨高强高模PVA纤维、6万吨聚酯切片、14万吨醋酸乙烯-乙烯共聚乳液（VAE）、4万吨可再分散性胶粉、4万吨聚乙烯醇缩丁醛（Polyvinyl Butyral，PVB）、4万吨PVB胶片、1,200万平方米PVA光学薄膜、700万平方米偏光片、400万吨水泥熟料的产能。其中PVA光学薄膜国内首创，PVA、高强高模PVA纤维两个产品的产销量多年位居全国同行业第一。近年来，皖维集团获得省级科技进步一等奖3项、发明专利55件、实用新型专利105件，主持制定国家标准3个、行业标准5个。

“十四五”期间，皖维集团将进一步优化产业布局，围绕PVA主业，瞄准行业技术制高点，发展新型液晶显示、高性能化工新材料，做优做强做大PVA－PVA光学薄膜—偏光片，PVA－PVB树脂—PVB胶片，VAC－VAE乳液—可再分散性胶粉，PVA－PVA纤维—纤维水泥板，生物质酒精—VAC－PVA、生物质肥料、PVA包装膜等五大产业链。公司瞄准PVA光学薄膜“卡脖子”项目，采取产学研合作等多种方式，加快技术研发，力争早日突破，全面推进传统产业转型升级，将皖维打造成PVA行业领军企业。

皖维集团现具有25万吨PVA产能，通过不断的技术创新、技术改造，皖维集团的PVA生产工艺日益完善，掌握了生产PVA的大量重要技术，生产过程完全运用PLC和DCS集散式系统控制技术，可生产不同聚合度、不同醇解度PVA产品。

(4) 三菱化学控股株式会社集团

三菱化学控股株式会社集团(JP4188),成立于2005年10月,是由原三菱化学和田边三菱制药共同持股设立的合资公司。2011年1月设立"三菱化学控股管理(北京)有限公司",正式进军中国市场。

三菱化学在偏光片用PVA薄膜的生产方面,从设计到生产均有其独特的适用于偏光片的技术以及一条龙生产体制,包括加宽对应设备、无尘室管理技术、膜厚统一化技术、缓聚作用技术、最适合热处理技术、长尺化技术、无粉技术、剪切技术等。

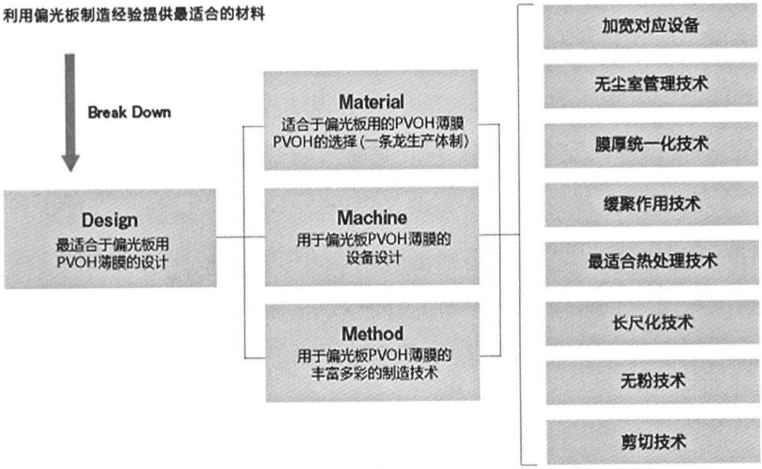

来源:三菱化学官网

图4-3:三菱化学偏光片用PVA薄膜生产技术

2. 全球PVA保护层主要厂商介绍

(1) 富士胶片株式会社(Fujifilm)

富士胶片株式会社成立于1934年1月,原名"富士照片胶卷株式会社”，由大日本 Seruroido 株式会社照片胶卷部门拆分而来，主要从事生产摄影胶片、相纸、干版盒其他感光材料。1984 年，富士胶片设立北京办事处，正式进入中国市场。1995 年 10 月，在江苏省成立苏州富士胶片映像机器有限公司，首次在华设立子公司。

富士胶片充分发挥在传统胶片领域积累的技术优势，将业务范围扩大至“医疗健康”“高性能材料”和“影像”三大领域，并广泛开展业务活动。富士胶片致力于提供高附加值产品和服务，改善人类生活质量，以及推动社会发展。富士胶片凭借在感光胶片领域研发中积累的精密涂布、功能性分子、制膜等技术，为各行业提供显示器和触摸屏材料、半导体、图像传感器、功能性薄膜等产品，时刻把握技术与社会的变化，掌握先机，与客户企业保持紧密联系，不断探索改变人们生活和产业结构的创新价值。

富士胶片为电视、PC、智能手机的 LCD、OLED 显示器提供各种高性能薄膜，这些薄膜采用了防止反射和眩光工艺，是呈现清晰美丽画面所不可或缺的产品。此外，富士胶片应用在液晶材料研发中积累的技术，研发了在汽车挡风玻璃上显示图像的“平视显示

来源：富士胶片官网

图 4-4：富士胶片偏光片保护膜产品 FUJITAC

器”等新一代显示器。

(2) 柯尼卡美能达株式会社(Konica Minolta)

柯尼卡于1873年成立于东京麹町,最初名为“小西屋六兵卫店”,主要销售照相器材与石版印刷材料,于1903年发售日本首款品牌相机“便携式照相机Cherry”,并于1933年推出自主研发的“樱花伦琴胶片”。1936年重组为股份公司并设立株式会社小西六本店。1987年,小西六写真工业株式会社更名为柯尼卡株式会社,所有产品均统一为“柯尼卡”品牌。美能达成立于1928年,最初名为“日独写真机商店”,主要业务为相机及复印机制造。

2000年柯尼卡正式开始拓展用于LCD偏光片的TAC膜业务,在摄影胶片技术的基础上研发的TAC膜产品以薄且均匀而闻名,伴随下游市场对于TAC膜的需求迅速增加,为了满足急剧增长的市场需求,同年柯尼卡在神户的TAC膜厂竣工投产,同年12月,柯尼卡公司和美能达公司宣布成立合资公司“柯尼卡美能达材料制造株式会社”,开始生产引人注目的新一代调色剂“聚合碳粉”。2003年柯尼卡株式会社和美能达株式会社经营合并,成立控股公司“柯尼卡美能达控股株式会社”,并于2007年退出相机和影像业务。2011年柯尼卡美能达成功研发出全部使用磷光材料、发光效率达全球最高水平的OLED照明面板,并在全世界第一个投入商业化生产。2013年重组集团管理体制,公司正式更名为现名“柯尼卡美能达株式会社”。

在材料及组件领域,柯尼卡美能达利用先进技术为工业领域提供不可或缺的关键设备,通过100多年的产品研发,柯尼卡美能达在化学和光学方面拥有卓越的技术力量,不断开拓进取,始终坚持走在科学技术的最前沿。柯尼卡美能达向客户提供保护液晶显示屏偏光片的 TAC 薄膜、数字电影大型投影仪的光学元件、工业用喷墨打印机的打印头等具有压倒性技术含量的设备，也向客户提供解决问题的方案。

（3）晓星集团

韩国晓星集团成立于 1966 年，最初名为“东洋尼龙”，主要从事化工纤维产品的生产。1973 年成立东洋聚酯，1983 年公司的电子研究所挂牌成立，1989 年公司开始涉足 PP 及丙烯领域，同年昌原第四工厂（电气/电子设备工厂）竣工，一年后，龙渊 PP/DH 工厂竣工。1996 年东洋聚酯更名为“晓星生活产业”，同年公司开始进军聚酯薄膜事业，大田尼龙薄膜工厂竣工，PP 产能从 10 万吨扩建至 20 万吨。1998 年集团将晓星 T&C、晓星物产、晓星生活产业、晓星重工业合并。进入 21 世纪，晓星集团进军中国，于 2000 年成立“晓星嘉兴氨纶有限公司”，并扩建聚酯轮胎帘布工厂。2003 年，晓星集团在中国浙江省成立晓星薄膜（嘉兴）有限公司，正式在华设立薄膜产业的子公司，同年晓星集团还分别在中国的山东省、河北省、广东省设立其他业务相关子公司。2004 年晓星集团增设龟尾 1 厂尼龙薄膜厂，一年后龟尾尼龙薄膜厂和中国嘉兴尼龙薄膜厂相继竣工并投产。2009 年在蔚山建设的 LCD 用 TAC 薄膜厂竣工，一年后因在韩国首次开发出 TAC 薄膜及实现商用化，晓星技术院荣获韩国科学技术创意奖/教育科学技术部长官奖。

晓星集团 Optical Film PU 业务部门自主开发偏光片用 TAC 薄膜技术，目前 1 号机组年产能 5,000 万平方米，2 号机组年产能 6,000 万平方米，共计 11,000 万平方米。晓星集团 Optical Film PU 部门自主研发生产的 TAC 薄膜可保护用于电视、显示器、笔记本电脑、手机等的 LCD 偏光片内 PVA 偏光薄膜。2009 年,晓星集团在蔚山建立了 LCD 用 TAC 薄膜厂,于韩国企业中最先批量生产 TAC 薄膜,2013 年晓星集团在玉山竣工的 2 号机组工厂投产,合计年产量达到 1.1 亿平方米。TAC 薄膜还可应用于质量标准较高的涂覆用及 OLED 用产品,且成功进入了已成为最大显示市场的中国市场扩大销售。2018 年,晓星集团 Optical Film PU 部门还开发出耐水性较强的 Acryl 薄膜来应对不断变化的市场需求。

(4) 达辉光电股份有限公司

达辉光电股份有限公司由新光合成纤维股份有限公司于 2006 年 10 月通过并购 Lonza 集团旗下子公司 LOFO High Tech Film 成立于中国台湾地区,是中国台湾地区首家生产 TAC 膜的厂商。2008 年达辉光电结合自身与德国方面的技术经验,重新设计新厂,在中国台湾省新竹科学园区竹南基地兴建专门生产 TAC 膜的基地,并于 2009 年 5 月竣工并进行试车,2010 年第二季度开始正式量产。

达辉始终致力于 TAC 膜的研发、制造和生产。TAC 膜主要生产技术包括 TAC 光学膜材料配方、TAC 光学膜品质检查与品质管理系统、TAC 膜高速生产线设计等技术,公司并购了德国 LOFO High Tech Film 后取得了相关技术,并成为继日本富士胶片和柯尼卡美能达之后全世界第三家拥有生产 TFT 等级 TAC 膜能力的公司。

用作保护膜的 Plain TAC 只是初步达成的目标,未来达辉仍将持续生产补偿膜(Compensation Film)及功能性薄膜(AG、LR、HC)等产品,进一步完善公司的供应链。

（5）中国乐凯集团有限公司

中国乐凯集团有限公司，隶属中国航天科技集团公司，是其全资子公司。中国乐凯前身是始建于 1958 年的国家“一五”计划重点项目——保定电影胶片制造厂。现已从传统的感光材料制造商转型为印刷影像材料、高性能膜材料、图像信息材料领域集中研发、制造、服务为一体的现代化企业，并拥有多项自主知识产权。

在“十一五”转型成果的基础上，中国乐凯从战略层面明确将未来发展方向定位为新材料及系统服务商，结合国家新材料产业和战略性新兴产业发展方向，进行产业聚焦，大力发展印刷影像材料、高性能膜材料和图像信息材料三大主营业务，打造南阳、保定、合肥三大产业基地，进行专业化和适度规模化生产。“十二五”期间，中国乐凯保持了研发投入的不断增长，每年的研发投入都占主营收入的 3.7%以上。

当前，中国乐凯主导产品均处于国内领先水平，其中光学 PET 薄膜和 TAC 薄膜成功构筑了乐凯在光电显示领域的发展基础，填补了我国平板显示上游产业关键原材料领域的空白，产品成功应用于海信、海尔、长虹、TCL 以及三星、LG 等国内外知名品牌的终端显示产品中。

（6）东洋纺株式会社

东洋纺株式会社成立于 1882 年，最初名为“大阪纺”，后于 1914 年和三重纺合并成立东洋纺。东洋纺于 1963 年开始正式进军薄膜领域并于当年研发出聚丙烯薄膜“PYLEN”。1978 年东洋纺开始进军功能膜域，1993 年研发出热收缩膜“Space Clean”。东洋纺于 1997 年成立了“上海特维碧贸易有限公司”，并于 1998 年研发出透明阻隔膜“ECOSYAR”。2002年东洋纺研发出可水洗显像的感光性柔版CTP版,2011年研发出同时拥有高透光率和扩散性的LED扩散膜,并开始销售使用源自植物原料的PET产品系列。2012年正值公司创立一百三十周年之际,正式更名为现名“东洋纺株式会社”。2013年东洋纺研发出超位相差型超聚酯薄膜“COSMOSHINE SRF”,可消除双折射引起的着色(彩虹斑)问题。

目前,公司在PET主要领域的产品包括超高透明聚酯薄膜、低干涉斑薄膜、超位相差膜和透明导电薄膜等。

(7) 龙华相位新材料(绵阳)股份有限公司

龙华相位新材料(绵阳)股份有限公司位于中国科技城绵阳。公司成立于2022年5月,是由四川龙华光电薄膜股份有限公司偏光片业务分立而新设立的公司。

四川龙华光电薄膜股份有限公司成立于2004年,原名“绵阳龙华薄膜有限公司”,是一家专注于PC材料、PMMA材料及其复合材料等高分子功能薄膜材料的研发、生产和销售的高新技术企业。2011年苏州昆山分公司成立,同年第五条高等级德国光学复合PMMA/PC片材生产线正式投产。2013年深圳分公司成立,2014年公司正式更名为现名“四川龙华光电薄膜股份有限公司”,2015年在新三板挂牌上市。

龙华相位新材料(绵阳)股份有限公司专注于偏光片上游关键膜材的研发与制造,致力于实现偏光片核心膜材国产化,填补国内显示产业链空白。公司主要产品为显示面板用偏光片基膜、位相差膜和表面处理膜等,是显示面板用偏光片核心构成部件,包括PMMA偏光片PVA保护膜、VA-LCD偏光片补偿膜、IPS-LCD

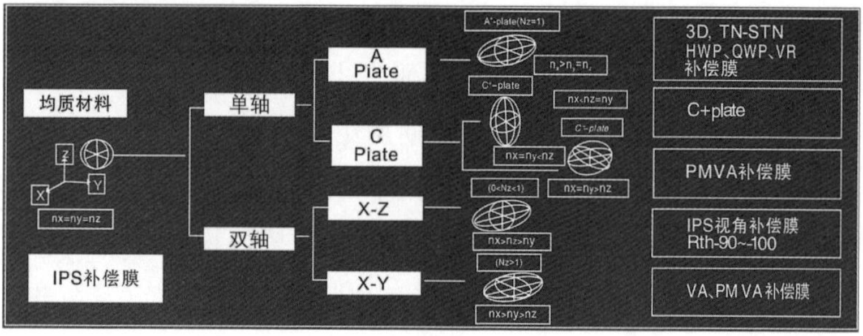

来源：龙华官网

图 4－5：龙华偏光片用相位薄膜产品

视角补偿膜、OLED 减反射补偿膜、PMMA 表面处理膜、VR 补偿膜，均为国内首创产品。

公司建有四川省光学偏光薄膜材料工程技术研究中心。公司掌握的同步光学斜拉技术，主要用于偏光片补偿膜的制造，对高分子膜材进行光学配向实现光轴角度 0°—90°可调，并直接卷对卷贴合；脆性材料超宽幅双轴同步拉伸技术，突破日本厂商对显示面板用偏光片基膜技术的垄断，利用该技术制造的脆性 PMMA 偏光片基膜最大有限幅宽达到 2,570 mm，满足几乎所有尺寸面板的切割经济性。

公司已建成国内第一条 2.0 m 宽幅同步光学斜向拉伸生产线，以及全球首条 2.5 m 超大幅宽 PMMA 偏光片基膜生产线（该产线被评为“2021 年全国质量标杆”）。为完善公司产品布局，抢占市场先机，公司在建一条超宽幅 IPS 补偿膜制造产线，未来还规划建设超宽幅偏光片基膜的表面精密涂布产线。

（8）瑞翁株式会社

瑞翁株式会社 1950 年 4 月 12 日成立于日本东京都，最初以生产销售合成树脂为主。1982 年 7 月公司开始进军电子材料事业，1990 年 11 月 COP“Zeonex”成套设备在水岛工厂完成，标志着公司正式开始进入环烯烃聚合物(COP)生产领域，1998 年 9 月 COP“Zeonor”上市。2001 年 12 月 COP 加工工厂在高冈工厂内完成，2002 年 10 月 LCD 用塑料薄膜“Zeonor 薄膜”上市，2004 年 4 月环烯烃聚合物制 LCD 用扩散板工厂竣工，同年 11 月环烯烃聚合物(COP)的生产能力增加到 15,000 吨。2005 年 2 月精密光学研究所在高冈市竣工，Zeonor 薄膜生产能力增强。2006 年 5 月瑞翁因环烯烃聚合物(COP)绝缘薄膜的开发工作荣获 IEEE(电气电子学会)CPMT Young Award。

Zeonor 薄膜是以瑞翁株式会社生产的 COP 为原料，采用熔融挤压法制成的薄膜，具有低吸湿、低透水和塑料所没有的高耐热性，同时具备高透明性、稳定的光学性能、纳米级微细转印特性以及卓越的紫外线隔离特性，因此被称为最近似于玻璃的塑料。通过引进独有的精密加工技术，Zeonor 薄膜被赋予优异的光学稳定性，供客户用于显示屏等各类用途。

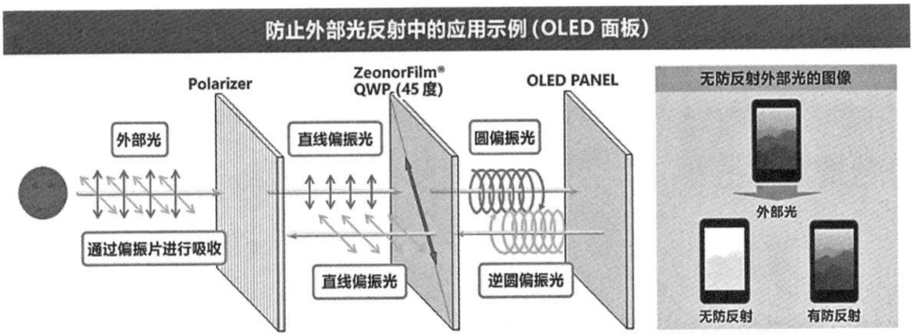

来源：瑞翁官网

图 4-6：瑞翁株式会社 Zeonor 薄膜在 OLED 面板中的应用

3. 全球 PSA 主要厂商介绍

（1）综研化学株式会社

综研化学株式会社(JP4972)成立于1948年9月。

SK-Dyne™ 是综研化学株式会社采用独有的高分子设计技术与评价技术开发出来的丙烯酸类胶粘剂。不仅具备“粘贴-剥离”等基本功能，还拥有对应不同的被粘接体、使用目的及使用环境的多种附加功能，目前已发展成为拥有300多个品种的强大产品阵容的知名品牌。SK-Dyne™ 采用独自研发的制造设备，生产广泛应用于信息装备、汽车、建材、电子与光学等工业领域以及双面胶带、包装带、创可贴等家庭用品的多方面用途的产品。

在液晶电视或电脑、智能手机等信息终端上，以显示偏光片

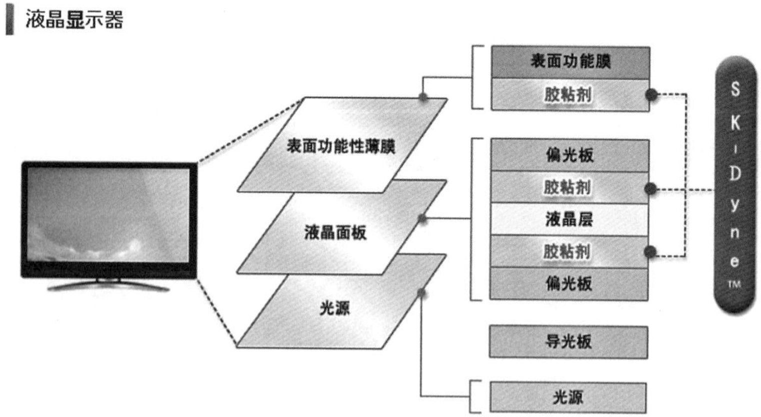

来源：综研化学官网

图 4-7：综研化学株式会社 SK-Dyne™ 在液晶显示器中的应用

为代表,会用到很多具有特殊功能的光学材料。在贴合各种功能性薄膜时,要求胶粘剂也要具备不同的功能。综研化学每一天都在针对各种薄膜的特定功能进行着不同种类胶粘剂的开发。SK - Dyne™ 广泛用于此类材料的贴合加工。在这一具有高品质要求的领域中,本产品的高透明性和高耐久性赢得了客户的好评。

(2) 日本合成化学工业株式会社

日本合成化学工业株式会社成立于 1927 年 3 月,是一家生产和开发功能性树脂产品和醋酸的公司。

日本合成化学工业株式会社生产和开发各种合成树脂产品,并活跃于工业材料、信息电子材料、食品包装材料、医药原料和农业材料等各种应用领域。典型的合成树脂包括用于纸张加工、医药和化妆品的 PVOH 材料、用于液晶显示器的功能薄膜的 PVOH 薄膜、用于食品包装材料的 EVOH 薄膜和用于粘合剂的丙烯酸共聚物树脂。此外,日本合成化学工业株式会社还生产用于食品保鲜材料和药品的醋酸钠。日本合成化学工业株式会社是在日本首次成功有机合成醋酸的企业,并于此后一直致力于通过自主技术开发高功能性产品,专注于醋酸衍生产品。

日本合成化学工业株式会社以北美、欧洲和亚洲为中心,以全球化为目标,日本以外市场销售比例达到 50%以上。日本合成化学工业株式会社于 1949 年 5 月上市并于 2016 年 11 月退市,同年成为三菱化学的子公司。

(3) 日本电石工业株式会社(NCI)

日本电石工业株式会社(NCI)于 1935 年在富山成立,主要开发以碳化物为原料的乙炔业务。自成立起，NCI 在其 80 多年的历史中多次进行业务重组，现已成为以树脂聚合技术、薄膜/片材技术和陶瓷烧成技术为核心的提供各种产品和服务的企业集团。NCI 一直处于日本化工工业的领航者地位。在“技术贡献社会”的经营理念下，公司致力于新技术新事业的发展，早在 1949 年和 1961 年便分别于东京和大阪证券交易所成功上市，目前股本已逾 70 余亿日元。公司合理利用资源配置，推进全球化进程，目前已在全球范围内拥有 22 家控股公司。1994 年 12 月 NCI 在中国成立恩希爱（杭州）薄膜有限公司，拓展反光膜业务。

NCI 以商业化为目标，不断聚焦核心业务和核心技术，同时从材料领域向高附加值领域拓展，NCI 通过功能性化学品的开发，在应对各种需求和技术能力的同时不断积累知识和经验，最大限度地发挥综合开发能力，提高企业生产效率，持续创造新的产业价值。

4. 全球显示偏光片用保护膜主要厂商介绍

(1) 藤森工业株式会社

藤森工业株式会社(JP7917)1914 年成立于日本东京，最初是生产特许防湿防水纸为主的“藤森工业所”。藤森工业于 1987 年开始研发 LCD 用基板膜，1996 年开始制造并销售光学用保护膜“Mastack TFB”。目前，藤森工业主要业务领域包括食品、生活用品、医药医疗用品、电子器械等，公司主要分为生命科学、情报电子以及建筑资材三大部门，其中偏光片用保护膜所属的情报电子部门 2020 年度营业收入约占总体营业收入的 33.56%，营业利润约占总体营业利润的 47.21%。

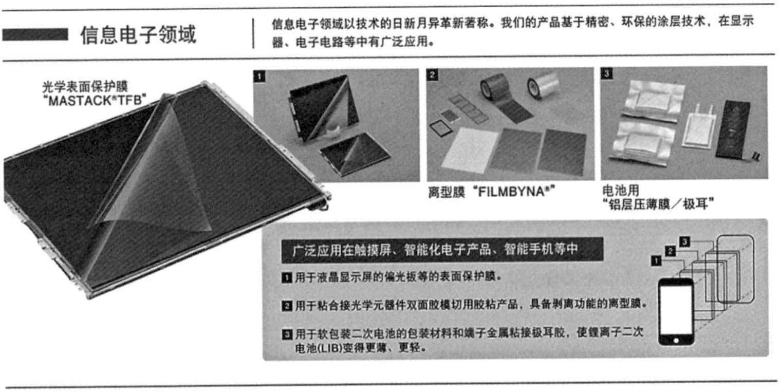

来源：藤森官网

图 4－8：藤森工业信息电子领域产品布局

（2）合肥乐凯科技产业有限公司

合肥乐凯科技产业有限公司成立于 1958 年 7 月 1 日。2011 年 3 月乐凯高性能膜材料研究所成立，同年 9 月 23 日合肥乐凯上级母公司中国乐凯集团有限公司整体并入中国航天科技集团公司成为其旗下全资子企业，是国内首家同时具备光学级聚酯薄膜及功能膜材料科研开发与生产的高新技术企业。合肥乐凯以合肥本部为主体，下设天津乐凯薄膜有限公司、昆山乐凯锦富光电科技有限公司、合肥乐凯江阴分公司等三家下属子公司，拥有 5 条聚酯薄膜生产线和 15 条精密涂布生产线，资产规模近 20 亿元，现已发展成国内具有重要影响力的光学膜生产及深加工产业集群。

合肥乐凯研发和生产平板显示用光学聚酯薄膜和光学功能膜产品，填补了我国在平板显示产业链前端的光学级聚酯薄膜的空白，改变了我国 TFT、IMD 行业前端膜材料长期依赖进口的局面，成功打入国际光学薄膜领域，成为三星、LG、友达、京东方、海信、康佳、长虹、创维、小米、天马等国内外知名液晶平板显示企业的供应商。

合肥乐凯跟踪国际最新技术进展，在偏光片保护膜关键技术方面开展研究，进行技术攻关。依托PET薄膜制程技术、微粒合成技术和精密涂布技术三大自主核心技术，凭借在双向拉伸和精密涂布技术方面具有雄厚的技术基础，尤其在背光模组领域拥有十多年的技术积累，经过几年的技术攻关，合肥乐凯在偏光片保护膜研发方面取得了突破性进展。

合肥乐凯推出的偏光片保护膜，具有双面防静电、剥离力低、经时性能稳定、表观性能优良等优点。实现了永久防静电、压敏胶防低分子析出、薄型膜精密涂布等多项关键技术突破，技术水平处于国内领先。目前偏光片保护膜已起草行业标准1项，申请相关发明专利10件，产品通过了下游客户认证，该产品研发成功，打破了日本、韩国对偏光片保护膜的垄断，实现了我国高端保护膜的国产化。

按照合肥乐凯“十四五”发展战略规划的部署，合肥乐凯将再建8—10条聚酯薄膜及精密涂布生产线，进一步扩大经营规模，形成若干个年产量超万吨的光学基膜产品和若干个年产超千万平方米的功能膜产品，成为中国国内技术实力最强、市场占有率最高、世界一流的膜材料系统服务商，引领中国光学薄膜创新发展。

（3）苏州泰仑电子材料有限公司

苏州泰仑电子材料有限公司成立于2008年，专注应用于光电行业的PET保护膜产品的研发、生产和销售。其产品广泛应用于电子产品、模切及动力汽车等领域，近年来，产品已由传统的电子行业延伸到半导体、锂电池及航空航天领域。此外，泰伦电子建立了完善的国际化营销网络,在中国台湾地区、越南等地均有阵容强大的分公司,在国际市场赢得了良好的声誉。

公司目前主要产品包括偏光片保护膜、FPC 保护膜、PE 保护膜、离型膜、高粘度保护膜、模切保护膜、石墨片保护膜、泡棉保护膜、UV 减粘膜、PU 胶保护膜、耐高温保护膜、热减粘保护膜等。

(4) 苏州市星辰科技有限公司

苏州市星辰科技有限公司成立于 1999 年 7 月,是专业从事离型材料、保护材料、胶带、功能性复合材料的研发生产型企业。星辰科技 1 号涂布线于 2005 年 5 月投产并开始生产离型纸和离型膜,2008 年 5 月引进 2 号涂布线用以生产光电离型膜及保护膜。2013 年 1 月吴江厂建成投产,配备三条进口高精密涂布线,生产高洁净 PET 离型膜及保护膜。2020 年 1 月浙江湖州工厂建成投产,配备三条进口高精密涂布线,正式开启高端光学级膜材及功能性复合材料的生产。

星辰科技始终致力于成为电子薄膜涂布行业的领先者,经过 20 余年的发展拥有苏州市星辰科技有限公司、吴江美辰新材料有限公司、浙江凡特科新材料有限公司三家生产基地;成立深圳以辰科技有限公司、重庆星枫科技有限公司两家分公司及苏州销售服务总部,同时成立海外事业部,产品及服务拓展至美国、日本、韩国、巴西、泰国、越南、新加坡及欧洲一些国家或地区。

公司目前主要产品包括常规硅油型离型膜、光学离型膜、无硅离型膜、硅胶保护膜、耐高温保护膜、光学保护膜等。

(5) 江苏斯迪克新材料科技股份有限公司

江苏斯迪克新材料科技股份有限公司(SZ300806),是国内领先的功能性涂层复合材料供应商,最初以生产普通保护材料和传统胶粘产品为主。2007 年公司自主开发的超薄双面胶带达到国内领先水准并成功替代日本进口产品。2015 年 2.2 万平方米全域百级无尘车间建成，日德生产线全面投入生产。2016 年，公司成为苹果手机表面保护膜的唯一国内供应商。2017 年公司又为特斯拉开发弹性导热组件，并成为 Model3 的唯一供应商。2018 年公司与富士康达成战略合作，并于 2019 年顺利在深圳交易所创业板挂牌上市。为强化公司功能性胶带生产能力，2020 年斯迪克公告进一步优化产品结构并提高公司的综合竞争力和盈利能力，公司全资子公司斯迪克江苏以自筹资金投资偏光片保护膜建设项目，项目建设总投资预计为 40,550.67 万元。

经过多年发展，公司在产品设计、生产工艺等方面取得了 600 多项专利成果，其中发明专利 200 多项。目前主要产品包括功能性薄膜材料、电子级胶粘材料、热管理复合材料和薄膜包装材料四大类，广泛应用于消费电子、新型显示、新能源汽车、家用电器、陶瓷电容等重点领域。

（6）新纶新材料股份有限公司

新纶新材料股份有限公司（简称：新纶新材）创立于 2002 年，总部坐落于深圳市，深交所上市企业（股票代码：002341）。公司集新材料研发、生产、销售及新材料精密制造于一体，致力促进新材料国产化，为客户提供新材料与新材料精密制造的系统解决方案，成为新材料领域数一数二的服务商。

新纶新材于 2007 年成立苏州新纶超净技术有限公司，同年新纶苏州产业园开工建设；2010 年公司股票在深交所挂牌上市，同年新纶（香港）有限公司成立，打入国际市场；2012 年天津新纶科技有限公司成立；2013 年新纶新材布局电子功能材料产业，成立新纶(常州)有限公司;2015 年新纶新材布局光电显示材料领域,正式成立新恒东薄膜材料(常州)有限公司,同年新纶新材(日本)有限公司成立,新纶(美国)有限公司成立,进军欧美市场;2016 年收购日本 T&T 锂电池铝塑膜软包业务;2017 年公司产品成功进入苹果产业链;2018 年新纶新材与 T&T 签订追加技术支持协议,进一步加强合作力度,同年成功并购 OPPO、vivo 主力模切厂商千洪电子并成立新纶新材(韩国)有限公司;2019 年新纶新材新复材铝塑膜工厂与 LG 达成供货协议;2020 年新纶常州三期产品通过知名面板厂商与下游厂商认证。

新纶新材以高端精密涂布技术为核心,聚焦新材料与新材料精密制造产业方向,业务涵盖电子功能材料、光电显示材料、有机硅光学材料、新能源材料、精密制造等领域,旗下 20 多家控股子公司,总资产规模超过 77 亿元。

新纶新材在电子功能材料、光电显示材料、新能源汽车等领域通过技术吸纳、收购兼并,积极参与全球资源配置与分工,公司业务布局深圳、苏州、常州等产业基地,辐射珠三角、长三角为主的中国核心经济区域,分支机构遍布中国的主要城市和美国、日本、韩

品名 Product	粘着力 Peel Force (N/25mm)		光学性能 Optical Performance (%)		防静电性能 Anti-static Performance		特征 Features
	SUS	偏光片 Polarizer	全光透过率 Transmission	雾度 Haze	胶面 Adhesive Side	基材背面 Backing Side	
SL-9310ME	0.1	0.10	90.7	2.1	$3.0*10^{10}$	$3.0*10^{6}$	抗静电,耐刮伤,防污,适合偏光片表面保护 Anti-static, anti-scratch, anti-stain, appropriate for protection of polarizer surface
SL-9311ME	0.03	0.03	90.7	2.1	$3.0*10^{10}$	$3.0*10^{6}$	
SL-9305ME	0.1	0.1	90.7	1.8	$8*10^{9}$	/	

来源:新纶科技官网

图 4-9:新纶新材偏光片保护膜产品规格

国及东南亚国家。

5. 全球显示偏光片用离型膜主要厂商介绍

（1）东丽株式会社

东丽株式会社 1926 年 1 月成立于日本，最初名为“东洋人造丝株式会社”，并于 1927 年 8 月制造出最早的人造丝。1958 年 8 月东洋 Metalizing 株式会社（现“东丽薄膜先端加工株式会社”）成立，并于 1959 年 10 月于三岛工厂开始生产 LUMIRROR 聚酯薄膜，1963 年 6 月开始于滋贺工厂生产 TORAYFAN 聚酯薄膜，1968 年 9 月开始正式生产 TORAYPEF 聚烯烃发泡材料。1970 年 1 月，公司正式更名为现名“东丽株式会社”，1980 年 11 月于滋贺工厂开始生产 ROMEMBRA 反渗透（RO）膜元件，1985 年 9 月开始销售 MICTRON 对位芳纶薄膜。1993 年 11 月公司开始销售 TOPTICAL 彩色滤光片，1994 年 8 月在中国成立东丽酒伊印染（南通）有限公司[现“东丽酒伊织染（南通）有限公司”]，标志着东丽正式进军中国市场。进入 21 世纪以来，东丽加速在华扩张，先后在华设立了“仪化东丽聚酯薄膜有限公司”“东丽薄膜加工（香港）有限公司”“东丽薄膜加工（中山）有限公司”“东丽高新聚化（南通）有限公司”“蓝星东丽膜科技（北京）有限公司”“东丽尖端薄膜股份有限公司”“东丽 WBD 膜科技（JS）有限公司”等。

（2）南亚塑胶工业股份有限公司

南亚塑胶工业股份有限公司 1958 年成立于中国台湾地区，最初名为“南亚塑胶加工厂股份有限公司”。1967 年 8 月，公司合并“新东塑胶制品厂股份有限公司”，并正式更名为现名“南亚塑胶工业股份有限公司”。1981 年，南亚塑胶增设双轴延伸 PP 薄膜设备及林口、仁武二机械厂制造塑胶加工机械设备,正式进军薄膜生产行业。1986 年南亚塑胶增建聚酯薄膜、电子级环氧树脂及塑胶加工机械生产设备。1993 年南亚塑胶增设硬质胶布、聚酯膜片、真空蒸着生产设备,1994 年南亚塑胶继续增设聚酯薄膜生产设备,还增设液晶显示器生产设备,同年 5 月和 6 月,南亚塑胶分别于广州及厦门地区投资兴建 PVC 胶布、胶皮及硬质管等工厂,正式进军中国大陆市场。1995 年南亚塑胶增设 BOPP 延伸膜、环氧树脂、玻璃纤维布及铜箔基板生产设备,并增设电子材料事业部。1999 年 6 月南亚塑胶转投资设立“台朔环保科技(股份)公司”,并于重庆投资兴建 PVC 硬质管及胶膜工厂,一年后于昆山及惠州陆续投资兴建电子材料、PU 合成皮及胶膜等工厂。2002 年南亚塑胶又增设 BOPP 膜、DVD 光盘片生产设备。2012 年 8 月董事会决议在江苏南通产销 BOPP 胶膜、PVC 硬布及 PVC 胶膜等制品。2016 年为加强膜产品销售拓展,并兼顾纤维事业部规模,将聚酯膜及离型膜产品独立,另成立聚酯膜事业部。2018 年江苏南通塑胶及胶膜公司合并,广东惠州塑胶及胶膜公司合并,均于同年 5 月取得投审会核准。

(3) 浙江洁美电子科技股份有限公司

浙江洁美电子科技股份有限公司(SZ002859)成立于 2001 年 4 月,是一家专业为集成电力、片式电子元器件等企业配套生产薄型载带系列产品及离型膜等产品的国家高新技术企业。2015 年洁美离型膜产品研发成功,标志着公司正式进入了离型膜生产行业,2017 年 4 月 7 日,公司在深圳证券交易所中小板成功上市。2018—2020 年间,为了更好地扩展业务,公司分别设立了“北京洁美聚力电子科技有限公司”“洁美上海分公司”以及“广东洁美电子信息有限公司”。2021 年洁美基膜产品投产。

目前，洁美的主要产品包括纸质载带、上下胶带、塑料载带及配套盖带、离型膜、流延膜等。公司拥有从电子专用原纸制造到纸质载带加工销售、塑料载带粒子一体化高速成型及光学级 PET 基膜到离型膜涂布成型的完整产业链。

（4）四川东材科技集团股份有限公司

东材科技是一家专业从事新材料研发、制造、销售的科技型上市公司，长期致力于为社会提供安全、环保的新材料解决方案，创造美好新生活。四川东材科技集团股份有限公司前身是 1966 年内迁至四川的国营东方绝缘材料厂。1994 年发起设立“四川东方绝缘材料股份有限公司”，组建“四川东材企业集团有限公司”，又于 2007 年发起设立“四川东材科技集团股份有限公司”。

东材科技以新能源材料为基础，重点发展光学膜材料、环保功能材料、先进电子材料等系列产品，服务于发电设备、特高压/智能电网、新能源、轨道交通、工业电器、家用电器、平板显示、消费电子、5G 通讯、环保阻燃织物、安全防护等诸多领域。东材科技总部位于中国科技城——四川省绵阳市，旗下拥有 14 家子公司。公司一贯秉承“科技立企、实干兴业”的发展理念，坚持走自主创新之路，依托国家认定企业技术中心、国家绝缘材料工程技术研究中心、发电与输变电设备绝缘材料开发与应用国家地方联合工程研究中心、博士后科研工作站等创新平台，依靠一支主要由博士、硕士组成的高素质的研发团队，以新能源材料为基础，重点发展光学膜材料、环保功能材料、先进电子材料等系列产品，服务于发电设备、特高压/智能电网、新能源、轨道交通、工业电器、家用电器、平板显示、消费电子、5G 通讯、环保阻燃织物、安全防护等诸多领域。

公司产品以其优异的性能和良好的声誉远销 50 多个国家和地区,与众多国内外知名企业建立了长期稳定的合作关系。

(5) 道明光学股份有限公司

道明光学股份有限公司成立于 2002 年 6 月,是一家主要从事研究、开发、生产和销售各种功能性薄膜、高分子合成材料的国家级高新技术企业。2013 年,基于在精密涂布、复合技术及微纳米复制、转印技术领域的研究成果和积累,公司投资建设了微纳米棱镜型反光材料及锂离子电池封装用材料生产线。2016 年,基于微纳米棱镜型反光材料生产所开发和沉淀的微纳结构设计和制备技术,公司收购了常州华威新材料有限公司,生产液晶显示微纳结构光学材料及模切组件,进入光学显示材料领域。2019 年,基于在反光市场核心原材料生产时所开发出的成熟挤出、压延技术,公司投资建设了 PC/PMMA 光学级复合薄膜及板材生产线,步入电子功能材料领域。

经过 20 年的发展,道明光学现已成为国产反光材料替代的排头兵,综合功能性膜材料的代名词,主营业务为以反光材料为主的功能性薄膜的研发、设计及生产,主要产品包括各规格、各等级的反光膜、反光布及以反光膜和反光布为原材料制造的反光服装、反光制品,以及锂电池软包装膜、LCD 用多功能复合型增亮膜卷材、光学膜片材以及量子点膜等功能性薄膜产品。

(6) 扬州万润光电科技股份有限公司

扬州万润光电科技股份有限公司成立于 2013 年 10 月。万润光电于 2015 年新建 5,000 平方米的千级无尘恒温恒湿车间,引进先进精密涂布生产线。2021 年公司新建 8,600 平方米千级无尘恒温恒湿车间,引进多条先进精密涂布生产线。目前公司的主营业务为光电功能薄膜系列产品的研发、生产及销售。产品主要应用于智能手机、平板、触控等消费电子领域，同时涉及汽车、家用电器、半导体、电池、医疗等众多相关领域。

万润光电秉承以自主开发为主、合作开发为辅的研发模式，建立起国际水准的研发平台——功能性电子薄膜材料研发中心，引进行业尖端技术人才以及高级管理团队，成为国内领先的智能终端、触控行业功能材料解决方案的提供商，目前拥有发明专利 4 件、实用新型专利 15 件。

第五章

产业链篇（下）

偏光片设备的特点是多数核心生产设备为非标设备，且各偏光片厂商的生产工艺及参数不尽相同，所以设备订制的过程需要与设备厂商密切配合。

一、偏光片生产核心装备

1. TAC 预处理设备

由于 PVA 膜具有亲水性，其与 TAC 膜的接口为亲水性界面，因此 TAC 膜也需具备亲水性，以利于 TAC 膜与 PVA 膜贴合。一般具有亲水性的 TAC 膜接触角在 20°以下，而未经处理的 TAC 膜接触角在 30°—50°。所以 TAC 膜贴合之前需要经过预处理，使得 TAC 膜具有较小的接触角，即较大的亲水性，以达到增强复合黏结牢度的目的。

TAC 预处理设备是多个大型溶液槽，槽内槽外都装配有多个带动薄膜移动的比较粗的辊轴。TAC 预处理是将 TAC 膜碱洗、中和、烘干收卷的过程，以提高 TAC 表面张力，保证下道工序的复合黏结牢度。由于偏光片产线的宽幅越来越宽，为了连续、稳定地生产，在放卷的工位多配备膜张力控制装置。

目前行业内，TAC 预处理设备的宽度最宽达 2,600 mm。运行速度达到 50 m/min 左右。

TAC 预处理设备的基本要求是防锈、洁净、高精度等。TAC 膜预处理的好坏直接取决于 TAC 预处理设备的性能与工艺，并直接影响后续产品质量，是偏光片生产的重要装置。而 TAC 预处理设备是典型的非标设备，在设备订制过程设备厂商需要密切配合偏光片厂商的需求。

设备国产化条件基本具备，但由于偏光片生产难度高、精度高，进入难度较大。

2. PVA 拉伸设备

PVA 拉伸复合设备也是多个大型溶液槽，槽内槽外都装配有带动薄膜移动的比较粗的辊轴，而且有的辊轴还呈弓形状态。PVA 拉伸是对 PVA 膜进行水洗、膨润、染色、洗净、拉伸、补色等处理的过程，这些工艺完成后再到拉伸设备上进行拉伸。

衡量拉伸设备性能的重要参数是拉伸比。拉伸比除取决于设备精度、延伸辊尺寸和材质外，还与 PVA 膜材料的性能、聚合度、槽内溶液的配比、工艺参数及人员操作水平等密切相关。PVA 膜的拉伸比越大，就越容易实现高透过、高对比度。拉伸比过低会导致偏光膜性能无法满足高透过、高对比度等规定要求；拉伸比过高则会引起膜厚度的相对误差难以控制，且制造工艺更为复杂。

目前行业内，PVA 原材料的宽幅最宽达 5，100 mm。PVA 拉伸的拉伸比约为 5.6—5.7，最大可以达 6.0。

PVA 拉伸设备目前主要由日本与韩国的设备商制造，属非标设备。PVA 拉伸设备完全国产化条件还不具备，国内相关核心部件的生产还不成熟，加工技术仍有待提高。

3. 复合膜贴合设备

复合膜贴合设备是由多组间隙高度精确的、粗细直径尺寸精密的辊轴组成，辊轴转动时跳动极其微小的覆膜设备。PVA 染色、拉伸之后要在 PVA 膜上下两面各复合一层 PVA 保护膜，然后干燥、收卷，形成偏光片原片。偏光片原片还要再复合上保护膜和离型膜，这些生产工艺都是用复合膜贴合设备完成的。

复合膜贴合设备通过调节张力控制器、压力控制器以及辊轴传送速度等，使得贴合膜的张力达到平衡。因为在贴合光学薄膜时，光学膜会产生弹性变形和水平分力，导致贴合的光学薄膜和光学薄膜之间产生滑移、厚度不均匀、气泡、皱褶等情况。

偏光片由于生产精度要求高，复合膜贴合设备目前主要由日本与韩国的设备商制造。国内相关核心部件的生产还不成熟，加工技术仍有待提高。

4. 压敏胶涂布设备

偏光片用压敏胶是一种专用的光学压敏胶，对压敏胶粘剂的性能有特殊要求，主要表现在高性能的光学特性、优异的耐湿热性能、良好的再剥离性能、较高的剥离强度、恰当的初粘力和持粘力等。

涂布是在特定功能膜上涂布一定厚度的压敏胶，经干燥后与偏光片原片进行复合，再复合离型膜，最后收卷，由此形成偏光片成品。

涂布头是整个涂布生产设备的核心，目前偏光膜涂布主要有刮刀式涂布与狭缝式模头挤出涂布两种形式。

刮刀式涂布适用于涂布厚度为 18 μm—100 μm 的场景，涂布液粘度较高。优点在于改变涂布宽度比较容易，另供胶系统也相对简单；缺点在于涂布液大面积暴露，因此必须保证涂布头及生产环境的洁净度。

狭缝式模头挤出涂布是一种预计量的涂布方式，涂布量取决于输入涂布液量与基材运行速度之比，可预先精确设定。通常都采用高精度无脉冲计量泵来输送涂布液量。这种涂布厚度范围较宽，约为 3 μm—300 μm，可满足不同的使用要求，适合生产速度从低到高均可。由于涂布间隙小，涂布精度受辊轴本身的平直度以及轴承的跳动影响，对基材厚度变化及表面异物影响非常敏感。生产过程中更换涂布液品种时内部清洁比较困难。

目前行业内，压敏胶涂布设备的核心评价参数是厚度、固态含量、比重、压力差等。目前最低量产涂布厚度为 13 μm。

压敏胶涂布设备目前主要由日本与韩国的设备商制造。偏光膜涂布设备完全国产化条件仍不具备，主要差距体现在加工精度与控制精度。非主要零部件已经可以在国内加工，如机架、钢构等，但相对重要的辊轴、控制部分、涂布头等需要从国外进口。

5. 烘干设备

PVA 经过水洗、染色、拉伸，需要加以烘干固色；PVA 上下贴合 PVA 保护膜，PVA 与 PVA 保护膜直接接触面需要滴进少量热固化粘着剂，在压延辊轴压合后，需要送到烘干箱加热固化；偏光片原片一侧再涂布压敏胶，最外两侧再分别复合上保护膜和离型膜，也需要在接触面滴进热固化粘着剂，之后要在干燥箱中加热固化，这几个步骤都是在烘干设备中实现的。

二、智能制造系统

1. 电控系统

电控系统是程控器系统。偏光片制造生产线是自动化程度较高的产线,要采用程控器完成整机控制,各个设备都有传感器、显示器、计算机监控等。

2. 自动检查设备

自动光学检查(AOI)是偏光片全制程工艺检测刚需,可有效替代人工检测、实现实时在线检测,提升偏光片生产品质/良率和有效产能。偏光片全制程工艺包括前工程卷料生产、RTS 后工程、RTP 制程,各工艺制程都需配备 AOI 检测,主要应用有:

(1) 前工程:预处理、PVA 延伸复合段、涂布/Coating 段、分条机幅宽检测及边缘检查;

(2) RTS 后工程:RTS Mark 智能跳裁和分拣、片料外观缺陷检测及分拣;

(3) RTP 制程:洗净后玻璃面板 AOI、POL 卷料 AOI、Cut 精度 AOI、偏贴精度 AOI、偏贴后外观检查 AOI。(适用偏光片与液晶玻璃贴附工艺)

第六章

区域研究篇

一、全球显示偏光片重点区域研究分析

1. 日本企业垄断偏光片生产时期

在20世纪90年代，随着显示技术的不断发展，日本率先实现了液晶显示器的产业化，从而带动了其国内偏光片产业的兴起。实际应用于光电行业的偏光片产业最早萌芽于日本，根据CINNO Research的统计，早在1996年第二季度和1999年第三季度，日东电工相继在其位于广岛县尾道市的工厂建成一条1,150 mm生产线和一条1,330 mm生产线，开始生产偏光片。可以说在2000年之前，偏光片的生产几乎由日本企业垄断。

2. 中国台湾地区和韩国偏光片企业发展时期

进入21世纪第一个10年，偏光片产业进入了发展快车道，在此期间，在东亚除了日本企业积极布局扩产偏光片外，韩国和中国台湾地区的相关企业也开始进军偏光片生产行业，并积极扩大产能。

在2000年和2001年这两年间，仍然只有日本偏光片生产企业投产了两条新产线，均投产于2000年第三季度，也都是1,330 mm的生产线。一条位于日东电工广岛县尾道市的工厂，另一条位于住友化学的日本国内工厂。除了日本以外，东亚其他国家和地区都没有一条偏光片的生产线投产。由此可见，在这两年间日本企业依然垄断着偏光片的生产。

转机发生在2002年第一季度，位于中国台湾省桃园市的力特光电科技股份有限公司的第一条1,490 mm偏光片生产线正式建成投产，意味着在东亚地区除了日本企业以外的其他地区的企业也能够自行生产偏光片，打破了日本企业在偏光片生产领域的长期垄断地位。

从2002年开始至2010年这九年间，根据CINNO Research的统计，东亚各国与地区主要偏光片生产企业相继总共新增了43条各种宽幅的显示偏光片生产线，日本企业占据了近一半，相继总共新增了22条各种宽幅的偏光片生产线；中国台湾地区企业和韩国企业也齐头并进，其中中国台湾地区企业相继总共新增了10条各种宽幅的偏光片生产线，韩国企业相继总共新增了11条各种宽幅的偏光片生产线。此时中国大陆的偏光片企业也开始萌芽，只不过这个时期建设的偏光片产线为TN/STN/染料系非TFT偏光片产线，这些产线不计入本次蓝皮书范围。

具体来看，根据CINNO Research的统计，在2002年至2010年间，住友化学总计新增了9条偏光片生产线，其中1,330 mm宽幅生产线4条、1,490 mm生产线4条、1,980 mm生产线1条；三立子总计新增了3条偏光片生产线，其中1,330 mm生产线2条、1,490 mm生产线1条；日东电工总计新增了10条偏光片生产线，其中1,330 mm生产线6条、1,490 mm生产线3条、1,980 mm生产线1条。以上三家日本企业共计新增了1,330 mm生产线10条、1,490 mm生产线10条、1,980 mm生产线2条，总计22条生产线。

表 6-1：2002—2010 年间日本企业新增的偏光片生产线

国家/地区	企　业	偏光片生产线的宽幅	数　量
日本	住友化学	1,330 mm	4
		1,490 mm	4
		1,980 mm	1
	三立子	1,330 mm	2
		1,490 mm	1
	日东电工	1,330 mm	6
		1,490 mm	3
		1,980 mm	1

来源：CINNO Research 全球显示偏光片产业数据库

明基材料总计新增了 5 条偏光片生产线，其中 1,490 mm 生产线 3 条、1,540 mm 生产线 1 条、1,980 mm 生产线 1 条；诚美材料总计新增了 3 条 1,490 mm 的偏光片生产线；力特光电总计新增了 2 条 1,490 mm 的偏光片生产线。以上三家中国台湾地区企业共计新增了 1,490 mm 生产线 8 条、1,540 mm 生产线 1 条、1,980 mm 生产线 1 条，总计 10 条生产线。

表 6-2：2002—2010 年间中国台湾地区企业新增的偏光片生产线

国家/地区	企　业	偏光片生产线的宽幅	数　量
中国台湾地区	明基材料	1,490 mm	3
		1,540 mm	1
		1,980 mm	1

续 表

国家/地区	企　业	偏光片生产线的宽幅	数　量
中国台湾地区	诚美材料	1,490 mm	3
	力特光电	1,490 mm	2

来源：CINNO Research 全球显示偏光片产业数据库

LG 化学总计新增了 8 条偏光片生产线，其中 1,330 mm 生产线 3 条、1,490 mm 生产线 3 条、2,250 mm 生产线 2 条；三星 SDI 总计新增了 3 条偏光片生产线，其中 1,330 mm 生产线 1 条、1,490 mm 生产线 2 条。以上两家韩国企业共计新增了 1,330 mm 生产线 4 条、1,490 mm 生产线 5 条、2,250 mm 生产线 2 条，总计 11 条生产线。

表 6－3：2002—2010 年间韩国企业新增的偏光片生产线

国家/地区	企　业	偏光片生产线的宽幅	数　量
韩国	LG 化学	1,330 mm	3
		1,490 mm	3
		2,250 mm	2
	三星 SDI	1,330 mm	1
		1,490 mm	2

来源：CINNO Research 全球显示偏光片产业数据库

上述中国台湾地区、日本和韩国的主要偏光片生产企业于 2002 年至 2010 年间（包括 2010 年），总计新增了 14 条 1,330 mm

生产线、23 条 1,490 mm 生产线、1 条 1,560 mm 生产线、4 条 1,980 mm 生产线和 1 条 2,250 mm 生产线。

表 6－4：2002—2010 年间东亚地区各企业总计新增的偏光片生产线

偏光片生产线的宽幅	数　量
1,330 mm	16
1,490 mm	21
1,540 mm	1
1,980 mm	3
2,250 mm	2
总计	43

来源：CINNO Research 全球显示偏光片产业数据库

从偏光片各宽幅生产线首次投产时间来看，根据 CINNO Research 的统计，截至 2010 年(包括 2010 年)，日本企业的第一条 1,330 mm 生产线，是位于日本广岛县尾道市的日东电工工厂，投产于 1999 年第三季度；韩国企业的第一条 1,330 mm 生产线，是位于韩国忠清北道清州市的 LG 化学梧仓工厂，投产于 2003 年第三季度，比日本企业的第一条 1,330 mm 生产线整整晚了四年。而中国台湾地区企业则是跳过了 1,330 mm 生产线，直接建设 1,490 mm 生产线，位于中国台湾省桃园市的力特光电工厂，投产于 2002 年第一季度，比日本企业的第一条 1,490 mm 生产线还早了一年半；而日本企业的第一条 1,490 mm 生产线，则是住友化学位于韩国子公司东友光学薄膜的工厂，投产于 2003 年第三季度；

韩国企业的第一条 1,490 mm 生产线，是位于韩国忠清北道清州市的 LG 化学梧仓工厂，投产于 2005 年第三季度，比中国台湾地区企业的第一条 1,490 mm 生产线晚了三年半，比日本的晚了整整两年。除了 1,490 mm 生产线以外，中国台湾地区企业明基材料还于 2005 年第四季度建成并投产了第一条 1,560 mm 的偏光片生产线，而日本和韩国的企业则没有建设 1,560 mm 生产线，直接建设 1,980 mm 生产线。2008 年第二季度，日本企业的第一条 1,980 mm 生产线在日东电工位于日本广岛县尾道市的工厂投产，同年第三季度，同为日本企业的住友化学在位于韩国的子公司东友光学薄膜的工厂也投产了第一条 1,980 mm 生产线；2008 年第四季度，在日本企业投产了第一条 1,980 mm 生产线后仅仅半年，韩国企业的第一条 1,980 mm 生产线在 LG 化学位于韩国忠清北道清州市的梧仓工厂投产；而中国台湾地区企业的第一条 1,980 mm 生产线则投产得相对较晚，由明基材料位于中国台湾省桃园市的龙潭工厂于 2010 年第二季度投产，比日本企业的第一条 1,980 mm 生产线晚了整整两年，比韩国企业的晚了一年半。而同年第三季度，仅仅过了一个季度后，韩国企业的第一条 2,250 mm 生产线便在 LG 化学位于韩国忠清北道清州市的梧仓工厂投产，也是中国台湾地区、日本和韩国主要偏光片生产企业中第一条投产的 2,250 mm 生产线。

综上可见，虽然日本主要偏光片生产企业在 2001 年及之前几乎垄断了偏光片的生产，但是从 2002 年开始，中国台湾地区和韩国的偏光片主要生产企业便开始奋起直追，积极布局。尽管在 2002 年至 2010 年九年间日本企业新增各种宽幅的偏光片生产线条数比中国台湾地区企业与韩国企业新增条数之和还多一条，但是在不同宽幅生产线研发与投产上，三方企业竞争十分激烈，均争先恐后力争上游。从 CINNO Research 的统计数据中我们可以看出，虽然日本企业率先投产了 1,330 mm 生产线和 1,980 mm 生产线，但 1,490 mm 生产线和 1,560 mm 生产线却是由中国台湾地区企业率先投产，而韩国企业也不甘落后，率先投产了 2,250 mm 生产线。可见在 21 世纪的第一个 10 年里，中国台湾地区、日本和韩国三方的偏光片主要生产企业在该领域几乎成三足鼎立之势，均大幅投资扩产，在技术领域各有优势。日本企业拥有先发优势，其产能仍然占据三方总和的近一半，而中国台湾地区和韩国的企业虽然从零开始，却在短短的九年间便发展至各占总产能的四分之一，其势不可谓不迅猛。

3. 中国大陆偏光片企业强势崛起的时期

进入 21 世纪的第二个十年，伴随着中国大陆经济的高速发展，对消费电子及显示器的需求也与日俱增，这也使得偏光片的国产化迎来了历史机遇，也是在 2021 年杉金光电完成了对 LG 化学偏光片 LCD 事业部的收购，中国大陆形成了一批优质的偏光片生产企业，如杉金光电、恒美光电、盛波光电、三利谱、胜宝莱等。

从 2011 年开始至 2021 年末的 11 年间，根据 CINNO Research 的统计，东亚各国与地区主要偏光片生产企业相继总共新增了 29 条各种宽幅的偏光片生产线，其中中国大陆与中国台湾地区的企业就占据了超过一半，相继总共新增了 13 条，比日韩企业之和还多。其中仅是中国大陆企业新增的各种宽幅的偏光片生产线就达 12 条，中国台湾地区企业总共仅新增了 1 条；日本企业相继总共新增了 9 条，约占四分之一；韩国企业相继总共新增了 7 条。

从新增偏光片生产线的所在地来分，中国总计新增 22 条各种宽幅的偏光片生产线，其中 21 条位于中国大陆，剩余 1 条位于中国台湾省台南市；5 条位于日本；2 条位于韩国。由此可见，在 21 世纪的第二个十年里，偏光片生产线也逐步从中国台湾地区及日韩往中国大陆转移。

具体来看，根据 CINNO Research 的统计，在 2011 年初至 2021 年末的 11 年间，恒美光电总计新增了 2 条偏光片生产线，均位于昆山，分别是 1,490 mm 生产线和 2,500 mm 生产线；盛波光电总计新增了 3 条偏光片生产线，均位于深圳，其中 1,490 mm 生产线 2 条、2,560 mm 生产线 1 条；三利谱总计新增了 4 条偏光片生产线，2 条位于合肥，1 条位于深圳龙岗，另一条位于深圳光明，其中 1,330 mm 生产线 2 条、1,490 mm 生产线 2 条；胜宝莱总计新增了 3 条偏光片生产线，均位于江西，其中 1,490 mm 生产线 2 条、1,540 mm 生产线 1 条。诚美材料总计新增了 1 条 1,490 mm 的偏光片生产线，位于台南。中国台湾地区企业总计仅新增了 1 条生产线，中国大陆与中国台湾地区的企业总计新增了 13 条生产线。

表 6－5：2011—2021 年间中国企业新增的偏光片生产线

地　区	企　业	偏光片生产线的宽幅	数　量
中国大陆	恒美光电	1,490 mm	1
		2,500 mm	1
	盛波光电	1,490 mm	2
		2,560 mm	1

续　表

地　区	企　业	偏光片生产线的宽幅	数　量
中国大陆	三利谱	1,330 mm	2
		1,490 mm	2
	胜宝莱	1,490 mm	2
		1,540 mm	1
中国台湾地区	诚美材料	1,490 mm	1
总计			13

来源：CINNO Research 全球显示偏光片产业数据库

住友化学总计新增了 3 条偏光片生产线，2 条位于日本，1 条位于中国的无锡，其中 1,330 mm 生产线、1,490 mm 生产线和 2,180 mm 生产线各 1 条；三立子仅新增了 1 条 1,980 mm 的偏光片生产线，位于日本；日东电工总计新增了 5 条偏光片生产线，2 条位于韩国，2 条位于日本，1 条位于中国深圳，其中 1,330 mm 生产线 1 条、1,490 mm 生产线 3 条、1,980 mm 生产线 1 条。以上三家日本企业共计新增了 1,330 mm 生产线 2 条、1,490 mm 生产线 4 条、1,980 mm 生产线 2 条、2,180 mm 生产线 1 条，共计 9 条生产线。

表 6-6：2011—2021 年间日本企业新增的偏光片生产线

地　区	企　业	偏光片生产线的宽幅	数　量
日本	住友化学	1,330 mm	1
		1,490 mm	1
		2,180 mm	1

续　表

地　区	企　业	偏光片生产线的宽幅	数　量
日本	三立子	1,980 mm	1
	日东电工	1,330 mm	1
		1,490 mm	3
		1,980 mm	1
	总计		9

来源：CINNO Research 全球显示偏光片产业数据库

LG 化学总计新增了 6 条偏光片生产线，全部位于中国，4 条位于南京，2 条位于广州，其中 1,490 mm 生产线 3 条、2,250 mm 生产线 2 条、2,600 mm 生产线 1 条，这 6 条产线于 2021 年被杉金光电收购；三星 SDI 总计仅新增了 1 条 2,300 mm 的偏光片生产线，位于中国无锡。以上两家韩国企业共计新增了 1,490 mm 生产线 3 条、2,250 mm 生产线 2 条、2,300 mm 生产线 1 条、2,600 mm 生产线 1 条，共计 7 条生产线。

表 6－7：2011—2021 年间韩国企业新增的偏光片生产线

地　区	企　业	偏光片生产线的宽幅	数　量	备　注
韩国	LG 化学	1,490 mm	3	2021 年被杉金光电收购
		2,250 mm	2	
		2,600 mm	1	
	三星 SDI	2,300 mm	1	
	总计		7	

来源：CINNO Research 全球显示偏光片产业数据库

此外，杉金光电还规划新增 6 条偏光片生产线，其中广州工厂新增 2 条 2,300 mm 生产线，预计分别将于 2022 年的第一季度和第四季度投产，张家港工厂新增 1 条 1,490 mm 生产线和 1 条 2,300 mm 生产线，预计分别将于 2023 年的第四季度和第二季度投产，绵阳工厂新增 1 条 1,490 mm 生产线和 1 条 2,300 mm 生产线，预计分别将于 2024 年的第四季度和第二季度投产；恒美光电规划新增 4 条偏光片生产线，其中福州工厂新增 2 条 2,600 mm 生产线，预计分别将于 2023 年第一季度和 2024 年第一季度投产，丹阳工厂新增 1 条 2,000 mm 生产线和 1 条 2,600 mm 生产线，预计分别将于 2025 年的第二季度和 2024 年的第四季度投产；三利谱规划新增 2 条偏光片生产线，其中莆田工厂新增 1 条 1,490 mm 生产线，预计将于 2023 年第一季度投产，合肥工厂新增 1 条 1,720 mm 生产线，预计将于 2024 年第二季度投产。以上三家中国企业总计将新增 1,490 mm 生产线 3 条、1,720 mm 生产线 1 条、2,000 mm 生产线 1 条、2,300 mm 生产线 4 条、2,600 mm 生产线 3 条，共计 12 条生产线。

表 6-8：未来规划新增的偏光片生产线

地　区	企　业	偏光片生产线的宽幅	数　量
中国	杉金光电	1,490 mm	2
		2,300 mm	4
	恒美光电	2,000 mm	1
		2,600 mm	3

续　表

地　区	企　业	偏光片生产线的宽幅	数　量
中国	三利谱	1,490 mm	1
		1,720 mm	1
	总计		12

来源：CINNO Research 全球显示偏光片产业数据库

根据上述 CINNO Research 统计的数据，我们不难看出，2011 年至今中国大陆企业在偏光片生产领域强势崛起，各宽幅偏光片生产产能均迅速扩张，与此同时，中国台湾地区与日韩企业的产能虽也有扩张，但大部分产线均设置于中国大陆。另外，更值得关注的是，2020 年 6 月 9 日，中国偏光片龙头企业杉金光电的母公司杉杉集团宣布，拟以 7.7 亿美元收购 LG 化学旗下在中国大陆、中国台湾地区和韩国的 LCD 偏光片业务及相关资产，根据协议，LG 化学将对有关资产进行打包重组，在中国境内设立一家持股公司。杉杉股份以增资的形式取得该持股公司 70% 的股权，未来三年杉杉股份将分次收购 LG 化学持有的 30%股权，这也就意味着 LG 化学几乎退出了偏光片生产业务，而杉杉集团在取得了 LG 化学的偏光片业务后，可以预见其产能进一步扩大，技术进一步增强，作为国内偏光片生产商龙头地位更加巩固。

截至 2021 年末，东亚各国与地区主要偏光片生产企业总共拥有 61 条在产的各种宽幅偏光片生产线。从企业国别来看，包括了被收购的 LG 化学偏光片生产线在内，中国企业（含中国台湾地区企业）拥有 25 条生产线，占比约 41%，其中宽幅小于等于 1,330 mm 生产线 2 条、1,490 mm—1,560 mm 生产线 17 条、1,980 mm 以上宽幅生产线 6 条。

表 6-9：中国企业现有的偏光片生产线

偏光片生产线的宽幅	数　量
1,330 mm 及以下	2
1,490 mm—1,560 mm	17
1,980 mm 及以上	6
总计	25

来源：CINNO Research 全球显示偏光片产业数据库

日本企业拥有 30 条生产线，占比约 49%，其中宽幅小于等于 1,330 mm 生产线 12 条、1,490 mm 生产线 13 条、1,980 mm 以上宽幅生产线 5 条。

表 6-10：日本企业现有的偏光片生产线

偏光片生产线的宽幅	数　量
1,330 mm	12
1,490 mm—1,560 mm	13
1,980 mm 及以上	5
总计	30

来源：CINNO Research 全球显示偏光片产业数据库

韩国企业拥有 6 条生产线，约比约 9%，其中 1,330 mm 生产线 2 条、1,490 mm 生产线 3 条、2,300 mm 生产线 1 条。

表 6－11：韩国企业现有的偏光片生产线

偏光片生产线的宽幅	数　量
1,330 mm	2
1,490 mm	3
2,250 mm	1
总计	6

来源：CINNO Research 全球显示偏光片产业数据库

从生产线所在区域来看，截至 2021 年末，中国的各种宽幅偏光片生产线总计 39 条，占比约 51%，其中位于中国大陆的生产线总计 20 条，约占总体的 33%，位于中国台湾地区的生产线总计 11 条，约占总体的 18%；位于日本的生产线总计 19 条，约占 31%；位于韩国的生产线总计 11 条，占比约 18%。除此之外，还有 12 条规划中尚未投产的新增生产线均位于中国大陆。

表 6－12：区域类别偏光片生产线

区　域		数　量
中国	中国大陆	20
	中国台湾地区	11
日本		19

续　表

区　　域	数　　量
韩国	11
总计	61

来源：CINNO Research 全球显示偏光片产业数据库

由此可见，种种现象均显示偏光片生产线如今正在加大步伐由日韩及中国台湾地区向中国大陆转移，随着杉杉股份收购 LG 化学偏光片产业的影响持续发酵，预计未来产业转移趋势会更加明显，中国大陆的偏光片生产企业在该领域的市场占有率会继续稳步提升，竞争力会继续加强。

二、中国显示偏光片产业发展背景与现状

1. 中国偏光片产业发展历史

偏光片制造产业最早萌芽于美国，1938 年，美国科学家埃德温·赫伯特·兰德发现偏光片的制作方法。1963 年，日本企业三立子率先实现偏光片的工业化生产。1988 年，偏光片技术转让到韩国，1997 年，偏光片技术从美国进入中国大陆。1998 年，偏光片技术从日本转让到中国台湾地区。1999 年，中国台湾地区第一家偏光片厂商力特光电投产，并且在较短时间内实现偏光片的量产和快速爬坡。中国台湾地区力特光电的崛起离不开与日本三立子的技术合作。2000 年之前，偏光片市场基本由日本企业垄断。

2000 年 3 月，LG 化学实现量产，韩国企业开始进入偏光片市场。韩国偏光片产业的发展主要依靠日本住友化学在韩国设立的子公司东友精密化学和日东电工在韩国设立的子公司 Koreno 公司。随着液晶技术在全球显示面板的市场中渗透率逐步提升，液晶显示面板产业快速发展，进而带动了全球偏光片产业的兴起与发展。

相对于日本、韩国与中国台湾地区，中国大陆的偏光片产业起步较晚。中国大陆偏光片的发展，以盛波光电于 1997 年从美国引进一条偏光片生产线为开端。其后 2000 年、2001 年中国大陆企业相继生产 TN/STN/染色系偏光片，2007 年至 2010 年 TN/STN/染色系用偏光片的生产在中国大陆内得以快速发展，产能迅速提升。

2010 年中国大陆企业开始生产中小尺寸 TFT－LCD 用偏光片，2011 年三利谱和盛波光电先后投产 1,490 mm 宽幅生产线，生产大尺寸 TFT－LCD 用偏光片，填补了国内大尺寸 TFT－LCD 偏光片产业的空白。2014 年 5 月恒美光电股份有限公司于江苏省昆山市成立。2015 年 7 月开始兴建昆山工厂。

2021 年以前，全球市场主要份额被 LG 化学、日东电工、住友化学、三星 SDI 等几家日韩厂商所垄断，中国大陆市场中具备全工序规模生产能力的主要为盛波光电和三利谱两家[①]。2021 年 2 月，杉杉股份完成对 LG 化学旗下 LCD 偏光片业务的交割并成立杉金光电，交割完成后呈现稳健良好发展态势。2021 年 2—12 月，杉金光电实现销量 1.1 亿平方米。通过本次并购，杉杉股份将

① 三利谱招股说明书

成为 LCD 偏光片产业龙头。

2. 中国偏光片产业发展背景

中国大陆积极扩建高世代产线，偏光片需求旺盛：在全球产能向大陆转移的大背景下，京东方、华星光电、中电熊猫等大陆企业近年来持续投入高世代产线，高世代产线的投资周期长，投资成本高，一条高世代产线的投资规模通常在 200 亿元以上，从发展趋势来看，中国台湾地区和韩国企业逐步退出了高世代产线的竞争，中国大陆在高世代产线上优势显著，带动了大陆平板显示产业链的高速发展，全球面板产能逐步向中国大陆转移，中国大陆偏光片需求量也将随之出现明显的提升。

国内偏光片依赖进口，国产化势在必行：截至 2020 年，据产业观测，近年来随着中国大陆显示面板和终端产品的快速发展和扩张，偏光片需求正逐步转移至中国大陆，从中国大陆显示偏光片需求占比来看，根据 CINNO Research 数据显示，2020 年全球显示偏光片总需求量约为 5,800 万平方米，其中中国大陆显示偏光片总需求量占比约为 53.6%，预计 2025 年全球显示偏光片总需求量增至 6,400 万平方米，其中中国大陆显示偏光片总需求量占比约为 64%。从全球偏光片区域产能分布来看，根据 CINNO Research 数据显示，2020 年全球显示偏光片产能中国大陆占比约为 40%，较 53.6%的全球偏光片需求量而言，存在一定缺口。

由于偏光片技术门槛较高，导致市场集中度也非常高，截至 2020 年，偏光片市场主要被日本和韩国厂商占领，例如 LG 化学、住友化学、日东电工、三星 SDI 等几大厂商。在 LCD 的市场竞争方面主要是 LG 化学、住友化学和三星 SDI，全球市场占有率接近

90%，在中国市场的占有率超过 90%。

由于物流运输成本低，国内偏光片厂商对面板厂商的响应更加及时，能够更好地配合面板厂商进行研发生产，因此偏光片国产化配套需求强烈。目前，偏光片行业的整体发展趋势是产业向中国大陆转移，行业处于国产化替代进程中。

偏光片处于显示产业上游环节，产业利润可观：TFT－LCD 产业中有一个著名的理论叫微笑曲线。微笑曲线中间部分是面板制造；左边是上游材料供给，属于全球性竞争；右边是产品应用与营销，主要是当地性的竞争。微笑曲线两端朝上，在产业链中，高附加值部分体现在两端，即材料供给和销售，毛利率可以达到 50%以上。处于中间环节的制造附加值最低，毛利率在－25%—＋30%

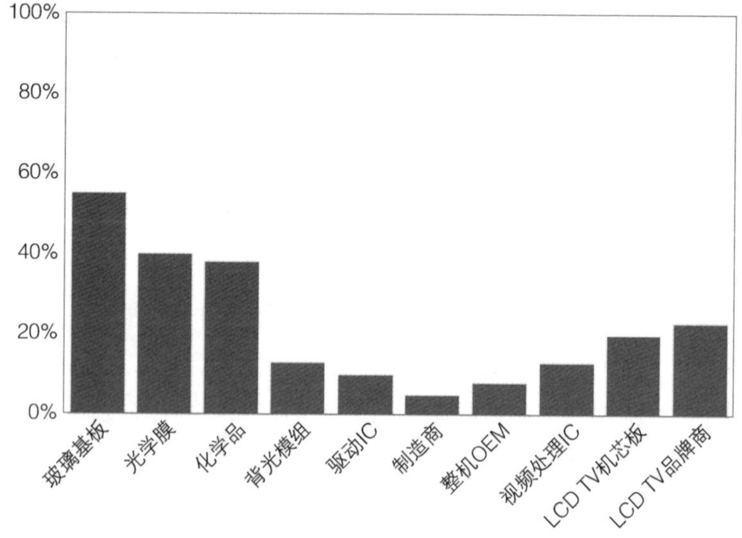

来源：CINNO Research 全球五大新兴科技产业发展数据库

图 6－1：液晶面板产业链毛利率微笑曲线

之间，获得的附加值最低，产业周期性波动较大。因此，按照TFT-LCD产业链营利能力来讲，偏光片等上游材料公司具有显著的高附加值优势。因此，在我国面板产能具有绝对领先优势后，显示面板产业链也面临着向两端利润率更高的领域转移的需求。

3. 中国偏光片国产化现状

全球偏光片产能中国大陆占比上升，保持高增长率：从全球显示偏光片产能区域角度，根据CINNO Research数据显示，2014年全球偏光片生产企业主要集中在韩国、日本、中国台湾地区。2014年，韩国偏光片产能居全球第一，占比约为36%；日本排名第二，占比约占34%；中国台湾地区产能排在第三位，产能占比约为22%；中国大陆产能约占8%，主要企业包括LG化学中国子公司乐金化学（南京）信息材料有限公司（2021年被杉金光电收购）、盛波光电、三利谱等。

随着中国大陆面板产业转移趋势不断加速，国内偏光片产能也与日俱增，国外厂商纷纷到国内建设偏光片厂，国内厂商也加快了产能扩充的步伐，偏光片产业向大陆转移的趋势已经形成。2020年，中国大陆内产能占比增至约40%，居全球首位，但中国大陆厂商的产能占比仅14%。同时，日本偏光片产能排名全球第二，占比约为27%；韩国排名第三，占比约占18%；中国台湾地区产能排在第四，产能占比约为15%。

2021年是中国偏光片产业发展的重要一年，随着杉杉集团收购韩国LG化学LCD偏光片事业，中国的偏光片国产化率得到了很大的提高。2021年，中国大陆内产能占比增至约45%，中国大陆厂商的产能占比提升到37%。

地区	公司	产线宽幅	量产时间
广州	杉金光电	2600	2019Q1
广州	杉金光电	1490	2019Q1
广州	杉金光电	2300	2022Q1
广州	杉金光电	2300	2022Q4
深圳	三利谱	1330	2011Q3
龙岗	三利谱	1490	2021Q3
深圳	日东电工	1490	2018Q3
深圳	盛波光电	1490	2012Q3
深圳	盛波光电	1490	2018Q3
深圳	盛波光电	2560	2021Q3
江西	胜宝莱	1490	2019Q1
江西	胜宝莱	1540	2019Q1

地区	公司	产线宽幅	量产时间
无锡	住友化学	1490	2017Q3
无锡	三星SDI	2300	2016Q3
南京	杉金光电	2300	2012Q4
南京	杉金光电	1490	2014Q3
南京	杉金光电	2300	2016Q1
南京	杉金光电	1490	2017Q1
昆山	恒美光电	1490	2017Q2
昆山	恒美光电	2500	2020Q1
合肥	三利谱	1490	2018Q3
合肥	三利谱	1330	2019Q3

来源：CINNO Research 全球五大新兴科技产业发展数据库

图 6－2：2021 年中国大陆 TFT 显示偏光片产业列表

CINNO Research 预测，2025 年中国大陆的偏光片产能将占据全球产能总量的 63%，中国大陆偏光片厂商的产能占比提升到 58%，成为全球偏光片产业重要的一环。

国内市场外资、合资与本土厂商三种力量形成角逐①：面板上游产业会伴随面板厂而发展，具有一定的滞后性，面板产业转移的早期，本土偏光片企业不成熟，外资往往会成为本土产业发展的第一波动力。

在中国大陆 LCD 偏光片市场中，主要竞争公司有三类公司：（1）纯外资公司，如日本住友化学；（2）外资公司大陆子公司，如 LG、奇美在国内的生产线；（3）本土公司和外资公司，例如东旭光电与住友化学的合资公司；（4）本土公司，如杉金光电、恒美光电、三利谱、盛波光电。在过去是外资公司和外资公司子公司这两类公司主导国内市场，近些年合资公司模式发展迅速，本土公司崛起

① 潘暕，张健，偏光片深度：上游核心材料，加速国产替代拐点——显示材料系列之二，天风证券，2019 年 1 月 29 日

趋势显著。

目前国内能具备偏光片量产能力的公司中国主要有杉金光电、恒美光电、三利谱、盛波光电等。

表 6-13：国内显示偏光片市场主要厂商概况

企业名称	基　本　情　况
杉金光电	2021 年 2 月偏光片中国大陆业务顺利交割，南京/广州产能已提升至 1.3 亿平方米，后续有望加速韩国产线搬迁及张家港/绵阳产线建设，进一步扩张产能。同时，公司具备 5 条 2 米以上超宽幅产线，将充分受益偏光片大尺寸趋势和国产化红利。后续通过提产速/降损耗/促流转有望进一步降本增效
恒美光电	恒美光电股份有限公司于 2014 年 5 月成立于江苏省昆山市。2015 年 7 月开始兴建昆山工厂，土建主体于 2016 年 10 月完成，同时生产设备开始入场。如今恒美光电两条产线年产 6,000 万平方米。后期扩建 3 号和 4 号线，全厂产能将突破 1.3 亿平方米
三利谱	主要从事偏光片产品的研发、生产和销售，主要产品包括 TFT 系列和黑白系列偏光片两类
盛波光电	始建于 1995 年，是国内首家专业偏光片制造商，专业从事液晶显示器（LCD）用偏光片的研发、生产、销售和技术服务。目前共有 5 条量产生产线，1 条在建生产线，分设坪山、龙华两处工厂

来源：各公司官网，CINNO Research 整理

国内上游基膜技术处于发展初期，TAC 膜国产化技术取得了一定突破：日本企业在偏光片生产上居于全球领先地位，尤其在生产偏光片所需的关键原材料 PVA 膜、TAC 膜等方面，在技术上、市场上更是居于垄断地位。根据三利谱招股书，偏光片业务营

业成本构成中，直接原材料占比最高，占总成本的 73%，在偏光片原材料成本中，TAC 膜和 PVA 膜占比较高，分别占总成本的 46%和14%。即 TAC 膜和 PVA 膜占偏光片营业成本的 33.6%和 10.2%。

目前，全球 PVA 膜主要由日本的可乐丽与三菱化学生产，可乐丽占据全球市场 80%以上的份额。TAC 膜的主要生产厂商包括富士、柯尼卡美能达等日本企业，以及晓星、新光等韩国企业。日本企业市场份额占比超过 80%，其中富士市场份额占比超过 50%。

表 6－14：全球偏光片上游原材料主要供货商①

材料	主要厂商	国产化情况
PVA	可乐丽、三菱化学	皖维高新、川维化工、光谱新材料开发及投资规划中
TAC	富士胶片、柯尼卡美能达、晓星化学	乐凯 650 mm 宽幅对应中
PET	东洋纺	无
PMMA	住友化学、东洋钢板、大仓工业	龙华薄膜、恒美光电推进中
COP	瑞翁、柯尼卡美能达	无
保护膜	滕森工业、LG 化学、日东电工、Osung	乐凯、世华、星辰、东材科技等推进中
离型膜	三菱化学、东丽	金张科技、洁美科技、恒力、东材科技等推进中

来源：天风证券，CINNO Research 整理

① 潘暕，张健，偏光片深度：上游核心材料，加速国产替代拐点——显示材料系列之二，天风证券，2019 年 1 月 29 日

由于日本企业垄断其技术和产品，偏光片生产企业主要从日本企业采购。整体来看，材料端的供应也较为稳定，随着规模效应的提升，其原材料整体采购价格也有望保持平稳下降。

由于偏光片上游基膜技术壁垒非常高，产业集中度也相当高。想要实现光学基膜的国产化并不容易，需要学习国外厂商先进的技术与制造工艺。一些日韩领先的光学级基膜在中国投资，包括三菱树脂、SKC以及仪化东丽等，国内一些企业也纷纷投资光学基膜，目前国内的上游基膜产业仍处于发展中。

目前PVA膜由皖维高新实现初步国产化导入。20世纪六七十年代，中国大陆同期上马了9家PVA生产企业，直至2008年金融危机爆发，现在这9家只剩下皖维高新。皖维高新是国内PVA行业优质企业，目前国内部分偏光片生产企业已将公司PVA光学膜纳入供应链体系。

中国大陆的乐凯胶片、东氟塑料以及新纶科技提供部分TAC膜。2008年中国大陆第一条平板显示器(FPD)用光学级聚酯薄膜生产线在合肥乐凯建成投产，2015年新纶科技通过引入日本东山相关功能薄膜产品技术，现已实现TAC膜量产。

PET膜由东材科技实现部分国产化：东材科技于2015年投资PET光学基膜项目，于2016年实现量产，并通过入股金张科技完善光学膜产业链的延伸，奠定光学膜项目的长期发展。

中国大陆宽幅偏光片生产能力提升：在下游终端应用面板尺寸不断大尺寸化的趋势下，大宽幅显示偏光片市场竞争力不断凸显，根据CINNO Research数据显示，2014年中国大陆显示偏光片以LG南京L1 2,250 mm宽幅产线产能为主，中国大陆产能中该产能占比约为59%。预计至2025年，中国大陆显示偏光片产能中，2,600 mm 产能占比将增至 10%。

同时，从中国大陆已有的偏光片厂商来看，主要包括盛波光电、三利谱等国内厂商，还包括 LG 化学、住友化学、日东电工、三星 SDI 等厂商在大陆的分公司，大陆已有偏光片产能总计约为 3.31 亿平方米，在建产能约为 0.62 亿平方米，其中盛波光电和三利谱现有产能约为 0.54 亿平方米，占全部产能的 16.33%，杉杉股份收购的 LG 化学现有产线的产能约为 1.63 亿平方米。从产线幅宽上看，大陆本土厂商的产线集中在 1,490 mm 及以下，三利谱和盛波光电的 2,500 mm 超宽幅偏光片产线仍处于建设或者规划中，国产化水平低。

近几年，我国偏光片产业取得了非常大的突破和进展。目前国内杉金光电广州工厂已有两条偏光片 Full＋Line 产线，而其新增的两条超宽幅偏光片产线宽幅均 2,250 mm，张家港项目已经开工，在扩大产能规模的同时，也提升了国产化率水平。恒美光电也先后在昆山、福州和丹阳落子布局偏光片业务，其研发团队已成功开发出超大尺寸 UV 胶疏水型高品质偏光片，满足大尺寸面板需求。

举例说明中国大陆显示偏光片厂商主要技术优势如下。

三利谱：三利谱积极布局 AMOLED 领域，除了在主要的大尺寸电视、车载、笔记本电脑用偏光片进行了性能的提升，还积极布局 AMOLED 用偏光片。2019 年开始投入研发应用柔性 AMOLED 显示屏的 95 μm 超薄型双液晶补偿 AMOLED 偏光片，已经研发成功并且进入客户验证阶段；2020 年开发了具有更优一体黑效果的 115 μm AMOLED 偏光片，并推进了其在手环等应用的量产；更薄型的 AMOLED 偏光片项目仍在持续开展。

盛波光电：大力实施“偏光片＋”发展战略和产品差异化竞争策略，通过优化提升产能与新产线建设方式，稳步扩大偏光片业务，并且聚焦大屏、OLED、车载市场，配套本土面板厂商国产化需求。2021 年 7 月，公司 7 号线正式达产，达产后助力公司产能提升 1.5 倍以上。

杉杉股份：2,300 mm 在大尺寸液晶面板用偏光片的裁切效率较高，2,500 mm 可以将产品最大切割面积从 65 英寸扩大至 105 英寸，可以极大地降低其单位面积成本，进一步提升杉杉股份在大尺寸偏光片领域的竞争力。

杉杉股份在广州具有 2,600 mm 产线，具有核心竞争力，并且计划将韩国梧仓工厂产线 2 条产线搬到国内，并计划在张家港建设 2 条 1,490 mm 宽幅 LCD 用偏光片生产线，规划产能约 4,000 万平方米/年。同时，杉杉股份的偏光片产品应用于大尺寸面板为主，80％的偏光片产品应用于电视。

国内偏光片产能集聚长江三角洲，区域集聚效应显著：根据 CINNO Research 数据显示，2020 年中国偏光片总体产能中，南京产能占比约达 32.8％，排名第一；无锡产能占比约为 22.4％，排名第二；昆山产能占比约为 15.2％，排名第三。前三大地区总产能占比约达 70.4％，国内偏光片产能集中在长江三角洲地区。随着国内偏光片项目逐步开启并且投入量产，整体产业分布更加均衡化，预计 2025 年中国偏光片总体产能中，广州产能占比约为 16.7％，排名第一，南京产能占比约为 14.5％，排名第二，福州产能占比约为 10.8％，排名第三，前三大地区总产能占比降至 42％。同时，数据显示 2025 年前中国大陆偏光片产业正逐步由长江三角洲向珠江三角洲进行转移。

4. 中国偏光片市场需求

根据 CINNO Research 的统计数据显示，2021 年中国显示偏光片市场需求量约为 3.45 亿平方米，较 2020 年度增加约 3,000 万平方米，同比增幅约为 9.5%。其中 LCD 用偏光片需求量约为 3.38 亿平方米，约占显示偏光片整体需求量的 97%，较 2020 年度增加约 2,700 万平方米，同比增幅约为 9%；OLED 用偏光片需求量约为 700 万平方米，约占显示偏光片整体需求量的 3%，较 2020 年度增加约 300 万平方米，同比增幅约为 68%。由此可见，在中国市场上，LCD 用偏光片也仍然占据显示用偏光片需求量的绝对多数，LCD 偏光片是主流市场。

根据 CINNO Research 的预测数据显示，2025 年中国显示偏光片需求量将增长至约 4.15 亿平方米，较 2021 年度增加约 7,000

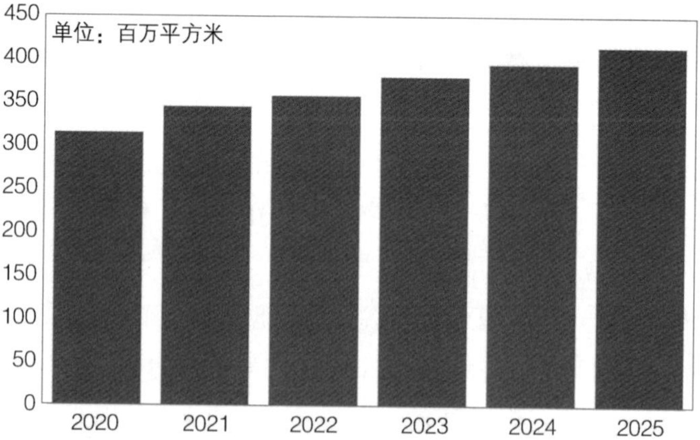

来源：CINNO Research 全球显示偏光片产业数据库

图 6－3：2020—2025 年中国大陆显示偏光片需求面积

万平方米，增长幅度约为 20%，5 年间年均复合增长率约为 3.8%。对比全球同时期的增长情况，全球增长幅度约为 6%，5 年间年均复合增长率约为 1.1%，可见市场的主要成长动力在中国市场。

三、中国显示偏光片产业发展痛点与机遇

1. 中国偏光片发展痛点分析

偏光片属于技术密集和资金密集的行业，具有较高技术壁垒。偏光片的生产需要液晶物理、光电信息、高分子材料科学、高分子化学等多学科的综合运用，涉及专业多、综合性强、需要长期的经验积累。由于国内针对偏光片的基础研究较少，且国外多年来严格控制对中国大陆偏光片生产技术和工艺的转移，国内的偏光片生产企业需要依靠自主攻关以掌握核心的生产技术和工艺。

目前，国内面板制造龙头的崛起，为上游材料设备产业提供了生存空间，国内的材料研发与产业化体系得以建立。但是上游材料仍由日韩欧美企业主导，国产材料质量与技术水平与国外仍有差距，产品集中于中低端领域，市场份额较小。

技术的储备与工艺的完善上滞后于国外同行：一般情况下，新增一条生产线所需时间为 1—2 年，而运营一条生产线的核心便在于各生产设备的磨合和调试。因偏光片是用各种薄膜制成，且需要满足各项光学指标，拉伸、染色、复合、涂布、裁切等任何一个环节出现问题，都会导致最终产品出现瑕疵。因此，把各个环节生

产设备调整到最佳状态，是保证生产线盈利的前提。但生产线调试涉及众多专业的配合，工艺技术的不断完善，需要多年的技术与经验积累。由于中国大陆偏光片生产企业起步较晚，并且自主创新研发的周期较长，其在技术的储备与工艺的完善上滞后于国外同行，这对中国大陆偏光片新进企业形成较大的阻碍。

上游核心材料设备难转移：LCD 面板产业化之后经历了 3 次产业转移，后进国家通常在行业下行期“逆周期投资”，新建更具规模优势的高世代产线，利用成本优势蚕食先进国家份额，逼迫其退出。

然而，与中游制造的多次产业转移不同，上游材料设备的转移要困难得多。中游制造转移的核心变量是地区间的成本差异，上游材料跟随中游建设材料配套，会推动部分上游环节转移，但核心材料与设备环节很难转移，因为先进国家具有技术与生产经验积累、研发人才积累、技术保护、客户认证等优势。

人才壁垒较高：偏光片生产企业对人才专业技术的要求较高，体现在生产设备的设计和安装调试、生产工艺的控制以及产品的研发完善等方面。偏光片生产如果缺少长期的生产积累，缺乏大规模生产的工艺水平以及成熟的质量管理体系，将难以实现稳定的生产质量，产品品质达不到要求，既不利于维护客户关系，也难以获得成本优势，从而失去竞争力。由于国外的技术的控制，目前国内掌握相关技术的人才较少，新进入的企业难以组建一支成熟的技术团队，中国大陆关键技术的人才缺乏对新进入企业形成壁垒。

客户认证壁垒：为了保证产品的质量，液晶面板厂商通常需要对偏光片生产企业进行严格的合格供应商认证，而为了维持产品品质的稳定性，其在偏光片供应商认证后一般不会轻易更换。

对于新进入的偏光片厂商而言，下游客户认证周期长、门槛高，难以通过广告等常规手段短时间内建立市场品牌，需要偏光片企业在行业内积累一定的市场声誉才能获得下游面板厂的信任，从而获得面板厂商试用后，还需面板厂谨慎复杂的认证流程，经样品认证、小批量试产、中批量试产、大批量试产等多个阶段才能形成稳定的供货，整个认证周期可能长达数年。而较长的认证周期也决定了偏光片行业无法在短期内获得投资回报，对新进入企业构成障碍。

2. 中国偏光片发展机遇分析

国内液晶面板产能较高，国内偏光片产量不足，发展机遇较多：近十年来，国内液晶面板产能飞速发展，带动中国大陆平板显示产业链的高速前进。在北京地区、长三角地区、成渝地区、珠三角地区，初步形成四大面板产业聚集发展带。未来全球液晶面板产业的产能增长主要由中国大陆提供。但是，中国大陆的偏光片供应远远不能满足中国大陆的面板生产需求。

国外偏光片企业为配合本地化生产，也在中国大陆投资建设偏光片生产基地。其中，投资规模最大的厂商为杉金光电的前身韩国LG化学。LG化学自2003年，就率先在南京投资了后加工产线，自2012年起作为外资厂商又率先投资了前工程产线，陆续在南京建设了四条前工程产线，为全球规模最大的偏光片生产基地。2018年，LG化学在广州投资2条前工程产线，其中2,600 mm产线为全球最大宽幅产线，于2020年量产。另外，韩国厂商三星SDI也于2015年斥资3.4亿美元在无锡建设一条2,260 mm宽幅的偏光片产线，该产线于 2016 年 8 月实现量产。另外，日本厂商住友化学于 2016 年 10 月设立旭友电子材料科技（无锡）有限公司，投资一条 1,490 mm 的偏光片产线，该产线于 2018 年实现量产。

中国大陆政策支持力度加大：高性能膜材料作为重要的新材料，近些年受到了国家相关政策的关注和支持。“十二五”规划中，高性能膜材料即作为专项计划被写进政府文件，并提出了五年内达到千亿规模的目标。“十三五”规划中同样提及高性能膜材料，但相对于“十二五”侧重对市场规模以及市占率的规划，“十三五”更强调行业标准的建立以及膜材料在节能环保中的应用。

偏光片作为显示面板的上游化学材料，具备较高的技术和工艺壁垒。为了实现我国显示面板上游关键材料的自主可控，国家出台多项政策扶持相关公司，从战略规划、税收、人才等多方面给予支持。从整个“十三五”期间各部委发布的相关政策看，实现新型面板及关键原材料的国产化和规模化生产，一直是我国重要的产业规划。“十三五”规划期间，在此层面完成程度有限。随着“十三五”结题验收，“十四五”规划即将出台，新兴面板及其配套关键材料仍将是政府重点支持发展的产业；我们认为相关产业政策将持续出台。

表 6－15：中国大陆偏光片产业主要政策

时间	产业政策及发展规划	涉及主要内容
2021－4	《关于 2021—2030 年支持新型显示产业发展进口税收政策的通知》	2021－1－1—2030－12－31，原材料和消耗品免征进口关税。偏光片生产企业可享受关税的优惠政策

续　表

时间	产业政策及发展规划	涉及主要内容
2019 - 11	《重点新材料首批次应用示范指导目录(2019 年版)》	将偏光片划分为新型显示类重点新材料
2019 - 10	《产业结构调整指导目录(2019 年版)》	明确 TFT - LCD 相关关键材料是对经济社会发展有重要促进作用、有利于满足人民美好生活需要和推动高质量发展的技术和产品
2016 - 12	《关于扶持新型显示器件产业发展有关进口税收政策的通知》	2016 - 1 - 1—2020 - 12 - 31,原材料和消耗品免征进口关税。偏光片生产企业可享受关税的优惠政策
2014 - 10	《关于印发 2014—2016 年新型显示产业创新发展行动计划的通知》	中小尺寸 TFT - LCD 面板制造关键材料配套率达到 60%,大尺寸 TFT - LCD 以及 AMOLED 面板制造关键材料配套率达到 30%
2013 - 2	《产业结构调整指导目录》(2013 年修正)	鼓励发展 TFT - LCD、3D 显示等新型平板显示器件及关键部件
2012 - 9	《关于印发新型显示科技发展"十二五"专项规划的通知》	重点支持上游核心材料、产业配套材料、元器件及重要装备的研究开发
2012 - 7	《"十二五"国家战略性新兴产业发展规划》	支持高世代 TFT - LCD 生产线工艺、制造装备及关键配套材料制备技术
2012 - 4	《关于进一步扶持新型显示器件产业发展有关税收优惠政策的通知》	2012 - 1 - 1—2015 - 12 - 31,原材料和消耗品免征进口关税。偏光片生产企业可享受关税的优惠政策
2012 - 3	《广东省战略性新兴产业发展"十二五"规划》	做大做强 TFT - LCD,加快发展 OLED。重点发展平板显示、太阳能电池偏光片材料

来源：CINNO Research 整理

四、中国显示偏光片产业投资与风险

1. 中国偏光片产业投资情况

根据 CINNO Research 数据统计，2021 年中国大陆偏光片相关项目投资不断，设计金额约达 366.4 亿元。

从地理位置分布来看，新增投资区域分布均衡化。其中，深圳市涉及偏光片投资金额约占 35%，其后依次是绵阳市、福州市、张家港、合肥市等。

从产品规格来看，新增投资幅宽趋大。分析主流偏光片厂商的新增投资不难发现，新增投资的偏光片幅宽都在 1,300 mm 以上。幅宽普遍增大，主要是来自下游面板商显示面板大尺寸产线的需求推动。一方面，下游液晶面板的持续需求对偏光片厂商扩产提供了动力；另一方面，规模化的生产有利于降低成本，从而提高企业市场竞争力及利润水平。

表 6－16：2021 年中国大陆偏光片部分投资项目展示

项目名称	地点	项目内容	金额
山嘉光电偏光片项目	湖南省郴州市	建设偏光片生产线	2 亿元
杉杉股份张家港杉金业务规划	江苏省张家港	建设 2 条 1,490 mm 宽幅 LCD 用偏光片生产线	21.87 亿元

续 表

项 目 名 称	地点	项 目 内 容	金额
福米智能制造产业园恒美光电偏光片项目	福建省福州临空经济区	拟建设 2 条偏光片生产线	42 亿元
三利谱拟 1 亿设立全资子公司	广东省深圳市	设立全资子公司，进一步推动公司的偏光片业务发展	1 亿元
安徽皖维集团年聚乙烯醇光学薄膜项目	安徽省合肥市	年产 700 万平方米幅宽为 3,400 mm、厚度为 40 μm—75 μm 的 PVA 光学薄膜	3.54 亿元
杉杉股份绵阳偏光片生产基地项目一期	四川省绵阳市	该项目将建设两条偏光片生产线（2，250 mm 和 1,490 mm 各 1 条）及相关配套设备、动力及环保设施，规划偏光片年产能 5,000 万平方米	50 亿元
杉杉股份绵阳偏光片生产基地项目二期	四川省绵阳市	再建 2 条生产线，以及企业总部和研发中心，并拓展 OLED 偏光片和上下游材料业务	20 亿元
国盛卓越科技有限公司偏光片生产、研发项目	广东省深圳市	建设裁切生产线、复合生产线、偏光片拉伸线、真空镀膜生产线，设立研发中心	126.8 亿元
长阳科技光学级功能膜基膜及深加工一体化项目	安徽省合肥市	年产 8 万吨光学级聚酯基膜，主要应用方向为偏光片离型膜和保护膜、MLCC(多层陶瓷电容器)离型膜、新型显示用预涂膜等光学级聚酯基膜	12.2 亿元

续 表

项 目 名 称	地点	项 目 内 容	金额
启程科技偏光片项目	江西省兴国市	年产 300 万平方米偏光片	未披露
江西丁乙科技新型显示产品生产项目	江西省临川区	主要生产 TFT 显示模组和其上游配套的偏光片、背光模组、玻璃盖板等核心部件	11 亿元
奕源偏光片生产项目	福建省武平市	项目建设 8 条偏光片裁切生产线，3 条全贴合生产线，3 条以上液晶模组生产线	1.2 亿元

来源：网络信息，CINNO Research 整理

2. 中国偏光片产业投资风险

市场竞争风险：随着国内高世代液晶面板产线量产，市场供应过剩时，偏光片价格存在降价风险。同时面临其他偏光片厂商的竞争。如果未来市场需求不及预期，市场可能出现结构性、阶段性的产能过剩，市场竞争将加剧。

原材料价格波动风险：偏光片原材料主要集中在日、韩相关企业，特别是 PVA 膜、TAC 膜等，若上游原材料供应商出现较大的经营变动或者外贸环境出现重大变化，将对中国大陆各个偏光片厂商的生产经营造成不确定性影响。

新产品和新技术开发风险：虽然当前 LCD 在平板显示行业占据主流地位，但随着新型显示技术如 OLED、Micro - LED 技术的不断发展，可能会对 LCD 显示地位形成挑战，从而影响到中国

的 LCD 偏光片产业的需求和营利空间。

五、中国偏光片产业未来方向

原材料的性能提升、生产工艺改良、染料系偏光技术，是碘系偏光片生产技术的主要发展方向。各种原材料性能提升的最终目标都是为了提高偏光片的光学性能和耐久性能。如 PVA 膜的均匀性、耐久性、光学稳定性等；TAC 膜的透湿性和光学稳定性、尺寸稳定性等；其他辅助材料，如 PVA 胶粘剂、保护膜、离型膜、压敏胶等，近年来技术均有不同程度的提高。作为偏光片生产工艺的主流湿法延伸，近年来也有新的进展。在 PVA 膜的澎润、染色效率的提升、固色及补色方法、干燥方式等方面均与湿法延伸的初期有了很大的变化。使用具有高二色性比的染料替代碘生产的偏光片，具有耐高温、高湿、耐光等特性。染料系偏光片的光学性能主要取决于所使用的染料的二色性，以及偏光片制备过程的工艺控制技术。

偏光片生产线高精度控制化和自动化：偏光片生产线需要高精度的控制和自动化生产，设备造价较高；偏光片需要在无尘环境中生产以确保产品的洁净度，一般均要求在静态千级或更高要求的无尘车间内生产，而高等级无尘车间的造价以及运营维护成本较一般车间较高。

广视角功能、提高分辨率、增亮节耗是较受关注的偏光片附加功能：广视角功能要求液晶显示器在更大的视角范围内可以观察到画质基本不变的影像，可在偏光片贴合一层光学补偿膜，对液晶在各视角产生的相位差做修正，从而提高画面保真度。提高显示器分辨率主要是针对TAC膜进行有针对性的表面处理，如防眩光处理、防划伤处理、抗反射/低反射处理、抗污处理等。在偏光片中贴上增亮膜，是目前增加面板亮度和节约能耗的主要做法。

偏光片的幅宽决定产能和切割效率，宽幅产线是未来的趋势：从下游面板需求的增量来看，LCD电视产品尺寸增长已成为LCD增量需求最主要部分。电视面板平均每年增长1英寸—2英寸，目前全球出货平均尺寸约45英寸。2018年后随着全球10.5代产线陆续投产，43英寸、49英寸、55英寸、65英寸等尺寸面板需求快速增长，因而匹配相应尺寸的偏光片市场需求将会快速增长。但不同幅宽的偏光片产线，对于切割不同尺寸的电视面板，切割效率有所差异。整体上来看，幅宽越大的偏光片产线，能适应的产品切割尺寸结构越多，相对使用效率也越高，更适合面板应用大尺寸化趋势。

2,500 mm的产线在生产10.5代线的偏光片效率更高。但目前投资2,500 mm生产线也仍面临一定的供应链短缺问题，包括设备、偏光片子膜对对应宽度的适应等。此外，还需要RTP技术将偏光片贴附到面板上。目前的2,250 mm产线及1,960 mm产线，用于生产40英寸、50英寸产品效率则更高，1,490 mm产线则在32英寸、40英寸+24英寸等产品切割上效率较高。

参考中国台湾地区企业路径，下游驱动产业配套[①]：参考中国

① 陶胤至，陈杭，全球科技行业研究框架：偏光片产业研究框架，方正证券，2020年7月15日

台湾地区偏光片企业的发展路径,其产业配套也主要由下游的液晶面板产业发展需求带动。1999—2009 年这 10 年,中国台湾地区的 LCD 面板产业取得了快速的发展,年均新投产产线占比较高,在全球 LCD 市场整体份额也持续提升。基于本土产业配套的需求,中国台湾地区偏光片企业也迎来了高速发展期,明基材料、诚美材料、力特光电等主要偏光片厂商销售净额持续提升。

整体来看,偏光片产业配套由下游面板厂线建线和投资周期带动趋势明显,对于国内相关产业配套及发展具有重要借鉴价值。而上游材料市场的高集中度,也需要企业在原材料采购时,做好外汇资金敞口控制,避免产品利润率波动过大,对整体长期经营及资本开支产生影响。

产品布局应当更加宽泛:偏光片主要应用于 TFT - LCD 液晶屏上。与 2021 年相比,2022 年 LTPS 和刚性 OLED 产品布局正在发生变化,电视、笔记本、显示器等市场结构也在变化,所以偏光片厂商需要针对不同面板客户的需求做好产品布局。

附　录

一、引用数据库

1 CINNO Research 全球显示面板产业数据库

2 CINNO Research 全球显示偏光片产业数据库

3 CINNO Research 全球五大新兴科技产业发展数据库

二、图片目录

第一章·基础篇

图 1-1：显示偏光片核心结构图，来源：CINNO Research 产业月报 / 009

图 1-2：LCD 偏光片工作原理，来源：CINNO 制作/ 016

图 1-3：普通 LCD 偏光片表面处理及常用补偿膜类别，来源：CINNO Research 全球五大新兴科技产业发展数据库 / 017

图 1-4：增亮膜工作原理，来源：CINNO 制作 / 019

图 1-5：普通 OLED 显示偏光片阻挡外界光工作原理，来源：怡钛积 / 020

图 1-6：PVA 膜碘剂染色、湿法拉伸工序，来源：CINNO

Research 全球五大新兴科技产业发展数据库 / 024
图 1－7：偏光片生产工艺流程图，来源：网络图片 / 026

第二章・应用篇

图 2－1：液晶显示原理，来源：CINNO Research 全球五大新兴科技产业发展数据库 / 032
图 2－2：TFT－LCD 结构图，来源：CINNO Research 全球五大新兴科技产业发展数据库 / 033
图 2－3：液晶面板生产制造工艺流程，来源：CINNO Research 全球五大新兴科技产业发展数据库 / 034
图 2－4：OLED 结构图，来源：CINNO Research 全球五大新兴科技产业发展数据库 / 040
图 2－5：OLED 面板生产制造工艺流程，来源：CINNO Research 全球五大新兴科技产业发展数据库 / 041
图 2－6：量子点材料不同应用方式及结构对比，来源：CINNO Research 全球五大新兴科技产业发展数据库 / 046
图 2－7：Mini－LED 直显与 Mini－LED 背光结构对比，来源：CINNO Research 全球五大新兴科技产业发展数据库 / 049
图 2－8：2016—2025 年全球 TFT－LCD 显示面板出货面积趋势，来源：CINNO Research 全球显示面板产业数据库 / 050
图 2－9：2016—2025 年全球 TFT－LCD 出货面积应用类别占比趋势，来源：CINNO Research 全球显示面板产业数据库 / 051
图 2－10：2016—2025 年全球 TFT－LCD 分区域产能占比趋势，来源：CINNO Research 全球显示面板产业数据库 / 052

图 2 - 11：中国大陆 TFT - LCD 显示面板产业列表，来源：CINNO Research 全球五大新兴科技产业发展数据库 / 054

图 2 - 12：2016—2025 年全球 OLED 面板出货面积趋势预测，来源：CINNO Research 全球显示面板产业数据库 / 055

图 2 - 13：2016—2025 年全球 OLED 出货面积应用类别占比趋势，来源：CINNO Research 全球显示面板产业数据库 / 055

图 2 - 14：2016—2025 年全球 OLED 分区域产能占比趋势，来源：CINNO Research 全球显示面板产业数据库 / 057

图 2 - 15：中国大陆 OLED 显示面板产业列表，来源：CINNO Research 全球五大新兴科技产业发展数据库 / 058

图 2 - 16：全球 TFT - LCD 显示面板市场规模趋势，来源：CINNO Research 全球显示面板产业数据库 / 059

图 2 - 17：中国大陆 TFT - LCD 显示面板市场规模趋势，来源：CINNO Research 全球显示面板产业数据库 / 060

图 2 - 18：全球 OLED 显示面板市场规模趋势，来源：CINNO Research 全球显示面板产业数据库 / 061

图 2 - 19：中国大陆 OLED 显示面板市场规模趋势，来源：CINNO Research 全球显示面板产业数据库 / 061

图 2 - 20：全球车载显示面板市场出货面积趋势，来源：CINNO Research 全球显示面板产业数据库 / 071

图 2 - 21：全球 AR/VR 显示面板市场出货面积趋势，来源：CINNO Research 全球显示面板产业数据库 / 073

图 2 - 22：全球偏光片产业链示意图，来源：CINNO Research 全球五大新兴科技产业发展数据库 / 075

第三章·产业篇

图3-1：2020—2025年全球显示偏光片产业市场规模，来源：CINNO Research全球显示偏光片产业数据库 / 080

图3-2：2020—2025年全球显示偏光片产业市场规模，来源：CINNO Research全球显示偏光片产业数据库 / 082

图3-3：2021年显示偏光片各应用领域面积使用量占比情况，来源：CINNO Research全球显示偏光片产业数据库 / 083

图3-4：2020—2025年全球车载显示偏光片产业市场规模，来源：CINNO Research全球显示偏光片产业数据库 / 086

图3-5：2020—2025年全球AR/VR显示偏光片产业市场规模，来源：CINNO Research全球显示偏光片产业数据库 / 087

图3-6：2021—2025年全球显示偏光片厂商产量占比，来源：CINNO Research全球显示偏光片产业数据库 / 089

图3-7：异形偏光片部分应用场景，来源：CINNO Research全球五大新兴科技产业发展数据库 / 094

图3-8：不同宽幅产线裁切利用率对比图，来源：CINNO Research全球五大新兴科技产业发展数据库 / 098

图3-9：低透湿性PVA保护膜供应链状况，来源：CINNO Research全球五大新兴科技产业发展数据库 / 099

图3-10：一般VA型LCD电视用偏光片结构示意图，来源：CINNO Research全球五大新兴科技产业发展数据库 / 100

图3-11：一般IPS型LCD电视用偏光片结构示意图，来源：CINNO Research全球五大新兴科技产业发展数据库 / 100

图3-12：一般RF偏光片结构示意图，来源：CINNO

Research 全球五大新兴科技产业发展数据库 / 101

图 3 - 13：无偏光片结构——COE 架构，来源：CINNO Research 全球五大新兴科技产业发展数据库 / 102

第四章·产业链篇(上)

图 4 - 1：可乐丽醋酸乙烯酯业务，来源：可乐丽官网 / 140

图 4 - 2：长春集团乙烯衍生物业务产业链，来源：长春集团官网 / 141

图 4 - 3：三菱化学偏光片用 PVA 薄膜生产技术，来源：三菱化学官网 / 143

图 4 - 4：富士胶片偏光片保护膜产品 FUJITAC，来源：富士胶片官网 / 144

图 4 - 5：龙华偏光片用相位薄膜产品，来源：龙华官网 / 150

图 4 - 6：瑞翁株式会社 Zeonor 薄膜在 OLED 面板中的应用，来源：瑞翁官网 / 151

图 4 - 7：综研化学株式会社 SK - Dyne™ 在液晶显示器中的应用，来源：综研化学官网 / 152

图 4 - 8：藤森工业信息电子领域产品布局，来源：藤森官网 / 155

图 4 - 9：新纶新材偏光片保护膜产品规格，来源：新纶科技官网 / 159

第六章·区域研究篇

图 6 - 1：液晶面板产业链毛利率微笑曲线，来源：CINNO Research 全球五大新兴科技产业发展数据库 / 192

图 6－2：2021 年中国大陆 TFT 显示偏光片产业列表，来源：CINNO Research 全球五大新兴科技产业发展数据库 / 194

图 6－3：2020—2025 年中国大陆显示偏光片需求面积，来源：CINNO Research 全球显示偏光片产业数据库 / 200

三、表格目录

第一章・基础篇

表 1－1：普通显示偏光片表观质量要求，来源：《薄膜晶体液晶显示器用偏光片》团体标准，T/COEMA 002LCD－2021 / 011

表 1－2：普通显示偏光片物理性能要求，来源：《薄膜晶体液晶显示器用偏光片》团体标准，T/COEMA 002LCD－2021 / 013

表 1－3：普通显示偏光片光学性能要求，来源：《薄膜晶体液晶显示器用偏光片》团体标准，T/COEMA 002LCD－2021 / 013

表 1－4：普通显示偏光片耐久性能要求，来源：《薄膜晶体液晶显示器用偏光片》团体标准，T/COEMA 002LCD－2021 / 014

第二章・应用篇

表 2－1：TFT－LCD 技术中 TN/VA/IPS 技术比较，来源：CINNO Research 全球五大新兴科技产业发展数据库 / 037

表 2－2：小间距 LED、Mini－LED、Micro－LED 对比，来源：CINNO Research 全球五大新兴科技产业发展数据库 / 049

表 2－3：全球主显示技术发展与性能对比，来源：CINNO

Research 全球五大新兴科技产业发展数据库 / 063

第三章 · 产业篇

表 3-1：偏光片产线与可生产最大偏光片尺寸对应表，来源：CINNO Research 全球显示偏光片产业数据库 / 091

表 3-2：主要厂商宽幅别产线数量(2025 年预测基准)，来源：CINNO Research 全球显示偏光片产业数据库 / 092

表 3-3：中国大陆 RTP 产线数量(2023 年搬入基准)，来源：CINNO Research 全球显示偏光片产业数据库 / 093

第六章 · 区域研究篇

表 6-1：2002—2010 年间日本企业新增的偏光片生产线，来源：CINNO Research 全球显示偏光片产业数据库 / 177

表 6-2：2002—2010 年间中国台湾地区企业新增的偏光片生产线，来源：CINNO Research 全球显示偏光片产业数据库 / 177

表 6-3：2002—2010 年间韩国企业新增的偏光片生产线，来源：CINNO Research 全球显示偏光片产业数据库 / 178

表 6-4：2002—2010 年间东亚地区各企业总计新增的偏光片生产线，来源：CINNO Research 全球显示偏光片产业数据库 / 179

表 6-5：2011—2021 年间中国企业新增的偏光片生产线，来源：CINNO Research 全球显示偏光片产业数据库 / 182

表 6-6：2011—2021 年间日本企业新增的偏光片生产线，来源：CINNO Research 全球显示偏光片产业数据库 / 183

表 6-7：2011—2021 年间韩国企业新增的偏光片生产线，来

源：CINNO Research 全球显示偏光片产业数据库 / 184

表 6 - 8：未来规划新增的偏光片生产线，来源：CINNO Research 全球显示偏光片产业数据库 / 185

表 6 - 9：中国企业现有的偏光片生产线，来源：CINNO Research 全球显示偏光片产业数据库 / 187

表 6 - 10：日本企业现有的偏光片生产线，来源：CINNO Research 全球显示偏光片产业数据库 / 187

表 6 - 11：韩国企业现有的偏光片生产线，来源：CINNO Research 全球显示偏光片产业数据库 / 188

表 6 - 12：区域类别偏光片生产线，来源：CINNO Research 全球显示偏光片产业数据库 / 188

表 6 - 13：国内显示偏光片市场主要厂商概况，来源：各公司官网，CINNO Research 整理 / 195

表 6 - 14：全球偏光片上游原材料主要供货商，来源：天风证券，CINNO Research 整理 / 196

表 6 - 15：中国大陆偏光片产业主要政策，来源：CINNO Research 整理 / 204

表 6 - 16：2021 年中国大陆偏光片部分投资项目展示，来源：网络信息，CINNO Research 整理 / 206

“数字新时代系列丛书”主编寄语

2012 年 11 月，党的十八大召开，中国特色社会主义进入新时代。2013 年 11 月，党的十八届三中全会对经济体制、政治体制、文化体制、社会体制、生态文明体制、国防和军队改革和党的建设制度改革作出部署，确定全面深化改革的总目标、战略重点、优先顺序、主攻方向、工作机制、推进方式和时间表、路线图。实现改革由局部探索、破冰突围到系统集成、全面深化的转变，开创了我国改革开放新局面。

进入新时代以来，党不断推动全面深化改革向广度和深度进军，各领域基础性制度框架基本确立，许多领域实现历史性变革、系统性重塑、整体性重构。中国特色社会主义制度更加成熟定型，国家治理体系和治理能力现代化水平不断提高，党和国家事业焕发出新的生机活力。

进入新时代以来，也是数字经济蓬勃发展的黄金岁月，成为继农业经济、工业经济之后的主要经济形态，数字化转型正在驱动生产方式、生活方式和治理方式发生深刻变革，对世界经济、政治和科技格局产生深远影响。面对当下经济发展与社会变革所带来的挑战与机遇，制造强国、数字经济、绿色发展成为产业升级新命题。制造业高质量发展、双循环加速、产业数字化转型与 ESG 绿色低碳转型，将为中国经济社会可持续健康发展带来更多的可能性与新机遇。

从产业端来看，中国产业结构中高端、中端和低端并存的局面会长期存在。传统产业可通过延链补链、打通头尾以及技术赋能，提质增效进一步强化影响力。加强平台建设、打造龙头链主企业，增强引领作用巩固完整供应链；以氢能与储能、量子信息、前沿新材料、人工智能与机器人、基因与细胞技术等为代表的未来产业必将通过技术攻坚，打通堵点、加大培育力度，鼓励群体创新占领市场份额。在绿色复苏逐渐成为全球共识，ESG 与绿色供应链愈发受到市场的关注的情况下，透过产业净零供应链的构建与稳定健康与智能发展，“碳”向未来的工业绿色智能运营将以各种创新科技的全生命周期叠加全方位赋能方式来健全产业智能与数据要素市场，加速数据资产化，全球绿色供应链新体系与新秩序的建设，高速激发数字动能。

“数字新时代系列丛书”将会邀请当代中国数字经济一线的领导者、实践者和研究者学者，结合中国与全球数字经济的实战经验，就产业数字化的垂直领域，进行深入浅出的解读，全面反映新时代中国数字经济的发展趋势、成功经验和伟大成就。丛书将持续推动成果广泛深入地传播，为向国内外展示中国数字经济经典和新时代中国的成果做出贡献，为推动中外经济与科技交流与对话，在加快构建中国数字经济建设的学科体系、学术体系、话语体系展现中国科技的智慧与自身力量。

张礼立

数字新时代系列丛书 主编